成功总是峰回路转

Success
the path winds along
mountain ridges

不要慌，一切来得及

张丽莹
孙丽萍
著

南京出版传媒集团
南京出版社

图书在版编目（CIP）数据

成功总是峰回路转：不要慌，一切来得及／张丽莹，孙丽萍著．—南京：南京出版社，2016.8

ISBN 978-7-5533-1438-9

Ⅰ．①成… Ⅱ．①张… ②孙… Ⅲ．①成功心理－通俗读物 Ⅳ．①B848.4-49

中国版本图书馆CIP数据核字（2016）第169333号

书　　名：成功总是峰回路转：不要慌，一切来得及
作　　者：张丽莹 孙丽萍
出版发行：南京出版传媒集团 南京出版社
社　　址：南京市太平门街53号　**邮　　编**：210016
网　　址：http://www.njcbs.cn　**电子信箱**：njcbs1988@163.com
淘宝网店：http://njpress.taobao.com　**天猫网店**：http://njcbcmjtts.tmall.com
联系电话：025-83283893、83283864（营销）025-83112257（编务）

出 版 人：朱同芳
出 品 人：卢海鸣
责任编辑：许小彦
责任印制：杨福彬

印　　刷：北京博艺印刷包装有限公司
开　　本：880毫米×1280毫米　1/32
印　　张：7.5
字　　数：160千字
版　　次：2016年8月第1版
印　　次：2016年8月第1次印刷
书　　号：ISBN 978-7-5533-1438-9
定　　价：29.80元

营销分类：励志

前言
Foreword

成功，是这世界上每一个人的梦想。

无论我们热爱的是什么，以什么为事业，在内心深处，都渴望将之做好，做出色，取得让人侧目的优异成绩。

是啊，梦想的实现是多么令人心满意足，功成名就的风光是多么让人振奋，我们对成功的渴望是如此强烈，迫不及待。

因为渴望，我们热血沸腾，愿意为之辛勤耕耘，洒下汗水，愿意为之付出时间和精力，也愿意披荆斩棘，克服一路上的困难。

也正是因为这份渴望太深切了，我们往往很容易陷入迷惘，经历焦虑、失望、痛苦，甚至绝望。

对成功的渴望给我们带来了无限动力，同时也带来了巨大压力。有一天，我们忽然发现，不知道是从何时起，不知道是为了什么，我们的心好像已经脱离了轨道，我们的情绪起起伏伏，有如乘坐过山车。

这时候，我们也许需要缓一缓了。停下追逐的步伐，让纷乱的心安静下来，好好地想一想。

想一想，成功到底是什么？是天上突然掉下的馅儿饼吗？还是无数次小成绩汇聚而成的最后成果？

想一想，成功是可以急得来的吗？还是需要自己每天都踏踏实实地努力，一步一步稳扎稳打地走向胜利？

答案其实早已存于我们每个人的心中。

成功从来不是一蹴而就的事情，更不是上帝心血来潮给予的赏赐。所以还慌什么，急什么呢？

况且，我们着急上火根本毫无作用，成功不是用着急就能逼出来的，反而会欲速则不达。

如果今天还没有成功，那么也许是我们的准备还不够充足，也许是属于我们的机会还没有来到。

我们唯一要做的，也是唯一能做的，便是过好当下。

过好当下，珍惜当下所拥有的一切，享受生活的赐予。

过好当下，提升自己，只有这样，当机会到来时，我们才能及时、准确地抓住它。

过好当下，用当下的时间去做力所能及的事，用当下的资源去筹备明天的成功。

无需慌张，亦无需心急。要知道，成功的魅力不仅在于登上巅峰时的灿烂辉煌，也在于那曲曲折折的道路上的无数风景，我们要沿途微笑，活出人生的真谛。

目录
Contents

Part 01

不抱怨过去，才有未来

后悔、抱怨、自责、失望、痛苦……

诸如此类的情绪，简直是成功的致命伤。

纠结于过去，将目光集中在已发生的事上，

而不是去创造，怎能赢得未来？

无论何时，

良好的心态永远是走向成功的第一步。

为什么成功很难，失败却容易

成功，看似是一瞬间的光华迸发，事实上却是在人生道路上经过一步步攀登才抵达的峰顶，是经年累月地添砖加瓦才造就的巍峨高楼。

没有人能一跃而登临峰顶，也没有人能一夜之间造起高楼，所以成功之难，难在不畏辛苦、不惧风雨的坚持，难在跌倒再爬起、倒下再重建的勇气。

然而千里之堤，毁于蚁穴，成功不易，要守住成功更难。也许因一时的放弃，一日的懒惰，便可能毁去我们千辛万苦的努力。时时警惕自己吧，因为成功和失败从来都掌握在我们自己手里。

国学大师陆宗达年轻的时候，曾和一位同乡一起去向老师黄侃请教治学的方法。黄侃知道他们的来意后，什么都没有说，而是给了他们一本没有句读的《说文解字》，让他们回家把这本书的所有标点都加上。《说文解字》是汉代著名经学家、文字学家许慎写的一本工具书，书中引用了大量典故。要给《说文解字》加标点，没有扎实的文字功底是绝对做不好这件事的。陆宗达和同乡花了很长时间才把标点加好，并读给黄侃听。黄侃听了以后，还是没有说什么，只是让他俩回家再标。于是二人又花费了很长时间，才按照黄侃的要求做完。

如此进行到了第三次的时候，陆宗达的同乡觉得这已经不是简简单单地做学问了，他让陆宗达想想，是不是有什么地方得罪了老师，同时还跟其他同学频频抱怨，到最后甚至还转了系，不想再在黄侃门下学习。陆宗达却心里想的却和这位同乡不一样，他对同乡说："我们是来学习知识的，既然老师认为我们做得不对，肯定是有不对的地方。不去想学习上的事，而去关联其他，岂不是庸人自扰？"当陆宗达第四次走到老师面前准备读自己标出来的断句时，黄侃说："行了，我看你现在已经有做学问的基础了，我们开始讲课吧。"

两人最后的结局自不必说，陆宗达成了鼎鼎大名的训诂学家，而他的同乡，寂寂无名，跟陆宗达的深厚造诣不可同日而语。

"记得昨日种种艰辛万苦，向明天换一些美满和幸福。"这句话被很多立志创业者视为金句，然而有太多人在行动上却误入歧途。

所谓记得，是记得失败的教训，以此提醒自己少走弯路，而非记得往日苦难。怨天尤人，反而阻挡了成功的脚步。

英国北部的一个小山村里住着一户人家，这户人家只有夫妻二人是壮年劳动力，其他家庭成员不是老人就是孩子，而且孩子们的祖父已经八十多岁了，生活几乎不能自理，需要有人照顾。因为家中条件艰苦，所以三个孩子都很懂事，他们常常会在父母外出工作的时候照看年迈的祖父，或者到附近的山林里捡些蘑菇回来煮汤喝。然而，孩子们捡蘑菇并不是总能有所收获，因为那片山林里的蘑菇基本都被做蘑菇生意的经销商雇用的工人采摘了。

约翰逊是这户人家里最小的孩子。一天，约翰逊和哥哥出去捡蘑菇，姐姐留在家里照看祖父。这一次，约翰逊和哥哥捡回了很多大蘑菇，够家里人吃几顿的了。他们回到家以后，姐姐负责做饭，哥哥去拾柴，而约翰逊则负责叫回在烈日下工作的父母。看到孩子们已经炖好了一锅蘑菇汤，父母很高兴。依照惯例，母亲要给祖父喂饭，父亲和几个孩子先吃。可是约翰逊不知又跑到哪里去玩了，所以今天只有哥哥、姐姐和父亲一起吃饭。

就在一顿饭刚刚吃到一半的时候，祖父、父亲、哥哥和姐姐都感到胃里难受得厉害，母亲急忙去找村里的一位大夫。约翰逊被邻居叫回家，这才得知祖父、父亲和哥哥、姐姐都因为吃了有毒的蘑菇死去了。

母亲几乎要崩溃了，但是看着年幼的约翰逊，她不得不选择坚强，决定带着他好好活下去。就这样，母子二人相依为命。渐渐长大的约翰逊到城里去打工，口袋里攒下一点儿钱后，他决定要在医学道路上发展，便在旧书摊上买了很多有关医学方面的书，并且为自己攒够了学费，去了一家医学院学习。

约翰逊牢记着家人的惨死，拼命用功读书，很快就在学校里崭露头角，并且获得了高额奖学金。学校每年会给高材生一个去医院实习的机会，约翰逊得知如果能在实习中有良好表现，会被医院院长保送到国外进修。约翰逊十分珍惜这次机会。

一天，约翰逊正在诊室里看书，一位老年人走了进来，他想请约翰逊为自己看病。约翰逊说："医生马上就来，我没有行医执照，不过我可以听你说说你的痛楚。"

老人絮絮叨叨说了好久，约翰逊听得十分认真。交流过程中发生了一件意外事件，当老人说起自己是一个蘑菇罐头经销商的时候，约翰逊突然控制不住心中的怒火，开始指责起老人，抱怨他们这些罐头经销商在采摘蘑菇的时候没有把毒蘑菇销毁。老人笑眯眯地听着，之后便离开了诊室。

这件事仿佛只是约翰逊生活中一个并不重要的小插曲。日子一天天过去，约翰逊虽然以优异的成绩结束了在医院的实习，却没有获得出国进修的机会。他不明白自己这么努力，为什么最后没有获得机会。这时，医院院长接见了他。一见面，约翰逊就愣住了，原来院长就是那个扮作蘑菇经销商的老人，他早就了解清楚了约翰逊的情况，故意去试探他。院长说："你是个非常好的小伙子，可我们是医生，我们不能在给病人进行诊治的时候带有任何情绪，无论对方是谁。"

最终，约翰逊并没能成为一名医生，他主动退出了医学界。约翰逊承认院长说得对，他认识到对过往的念念不忘和抱怨使得他无法控制自己的情绪，做一名好医生。

奥地利著名心理学家弗洛伊德·西格蒙德认为："一个人具有什么样的心态，他就可以成为一个什么样的人，他就能够拥有一个什么样的人生。"我们将拥有什么样的人生呢？要知道成功和失败很多时候就在一瞬之间，一念之间，若我们想要抓住那稍纵即逝的机会，便需要在平日的困难与挫折中积淀蓄势待发的能量。

正如马云所说："当我们有着强烈想要成功的冲动，必须摒弃一切杂念，总结过往的失败教训，用事实与行动去说话，虽然成功很难，失败很容易，但我们只要用心找准方向，把抱怨的时间用在工作上，那么成功必然指日可待。"

不纠结于曾经的失败，要知道你在为将来工作

经历失败是什么感觉？是沮丧、迷茫，如坠入浓得散不开的雾霾，瞬间失去了方向。遭受过失败的人，再次面对新的旅程时，难免会生出如履薄冰、胆战心寒的怯懦与彷徨。最后让我们失利的不是外在因素，而是自己那颗纠结的心。

生活在美国加州的萨迪·邦克夫人，在年过花甲时被人誉为“飞行祖母”。为了当一名职业飞行员，她不停地学习、训练，乐此不疲。同时，她也一次次地经历着失败，再失败。她的邻居和亲戚都带着有些嘲讽的口气对她说：“萨迪，你知道吗？你的行为是那么的可笑，不过我们仍然敬佩得想称呼你为‘女版阿甘’。”

其实萨迪想当一名飞行员的念头由来已久。萨迪小的时候是个胆小的姑娘，在她上学时，曾经因为错得离谱的一道数学题而遭到了同学们的耻笑，以至她最后竟然因为不敢写作业而离家出走。从那以后，失败的教训好像在她的心里留下了很大

的阴影，她不敢再尝试任何新事物，她给出的理由十分简单，她说："我怕失败。"想当飞行员的梦想也因此搁浅。

在萨迪 50 岁的时候，与她相亲相爱的丈夫过世了。丈夫去世之前握着她的手说："萨迪，你知道吗？你现在在我的眼中仍旧是那个人见人爱的美丽姑娘，虽然我要离去了，可你的人生还很长，失败于你来讲真的不算什么，你要在心里告诉自己，你是为了美好的未来才会不怕失败。"

丈夫去世后，萨迪选择用旅行这种方式来疏散心结。当她坐在飞行的飞机上，看着平日需要仰望才能看到的白云就在舷窗旁，而房屋和树木都渺小如蚁的时候，她突然领悟到，和这些自然界的万物相比较，自己当初的纠结是多么不值一提。瞬间，她觉得自己内心充满了勇气。她握紧了拳头，喊出了丈夫的名字："弗兰克，相信我，我会战胜自己。"

她想学习飞行，驾驶着飞机在蓝天上翱翔，完成儿时的梦想。最终，她成功了，她成为人人口中称奇的"飞行祖母"，她用行动把自己变成了美国式的传奇。

将来充满了未知的变数，然而毕竟一切皆有可能，如果用失败的痛楚给自己的羽翼套上枷锁，那么我们不但无法享受未来的美好，还会迷失在当下的不安之中。放开心灵的羁绊，激发出无限潜能，才是我们当下要做的事。

有位在菜市场摆摊卖菜的女人，她卖的蔬菜价格合理，卖相又好，可是因为摊位在市场的位置欠佳，所以赚不了多少钱。蔬菜尤其不易保存，女人看着自己摊位上渐渐变蔫的菜，心情无比低落。她老公也一次次地数落她："天天赔钱，不如别干了。"

女人没办法，只好停掉了菜摊，干起了跑长途运输水果的营生。可惜天不遂人愿，女人借了一大笔钱去南方运了一车香蕉，眼看着就要到家了，却天降大雪，高速封路，女人被困在了服务区。等到终于可以通车了，女人的一车香蕉全都烂掉了。看着这惨状，女人号啕大哭。她的丈夫更是不客气地给她取了个外号——小赔。

从此以后，女人斗志全无，找了个在酒店打扫卫生的工作辛苦度日，再也不敢提做生意的事了。她觉得也许自己压根就不是做生意的那块料。

可没想到，机遇再次降临到她的头上，以前一起卖菜的好姐妹想把位置极佳的摊位出兑，第一个就想到了她。她很纠结，一想起以前惨赔的情形就觉得浑身冷汗直流，不过最终她还是一咬牙接下了生意。

菜摊开张后，生意确实好得不得了，女人脸上露出了久违的微笑。她以为一切否极泰来，然而好景不长，没过多久，一位卖菜老汉把她的摊位抢占了。女人见对方是位上了年纪的人，便不和他计较，将自己的摊位移到老汉旁边。没想到老汉见正规经营根本不是女人的对手，竟然将菜价调得比女人的还低。买菜的人自然是谁家便宜买谁家，结果女人的大部分生意被抢走了。两人起了争执，女人气得推了老汉一把，老汉倒地不起。邻居喊来了女人的丈夫，丈夫没有帮她，反而痛打了她一顿，女人哭喊着:“我以后再也不做生意了。”

女人回到家后，越想越觉得心酸和委屈。再一想到老汉的蛮不讲理，又非常生气，于是她缓缓地朝着窗台迈出了一只脚。

忽然远处不知谁的家里传来一声清脆的呼唤："妈妈"。女人顿时缩回了已经迈出的那一只脚。想起自己那还在上高中的孩子，以及家里年迈的父母和入不敷出的家境，她断掉了想要自杀的傻念头。

任何故事都有结局，或好或坏。女人的结局是好的，因为她战胜了自己。

三年后，女人坐在自己开的连锁蔬菜店里，看着大学放假回来帮忙的孩子，突然心里悚然一惊。如果当年自己纠结于那一次次失败，裹足不前，那么今日的幸福生活可能就不存在了。

《小窗幽记》中有一句话："从极迷处识迷，则到处醒。"意思是说如果能在最易令人迷惑的地方识破迷惑，那么无处不是清醒的状态。就好比我们面对失败的纠结与困惑，实则是使自己陷入了一个困局，走出来，不见得会立时山青水秀，柳暗花明，可沉浸其中，却会永无出头之日。

有时帮助一个人战胜失败的其实就是一种积极的生活态度。美国犹太教哲学家赫舍尔说："世界就是这样的，勇于面对着它，你就是它的主人，并因此而受惠；回避它，那么它会驾驭你的一生。"

有成功的心态，才有成功的人生

心态影响着人们对事物的看法，拥有积极的心态才能收获积极的人生，相反，消极的心态只会让人沉沦于消极的生活之中。与此对应的是，成功的心态是成功人生的源泉，或者说成功本身就是一种心态。

良好的心态可以令人获得自信、坚持、勇敢等正能量，从而使人能够从容地面对各种顺境、逆境，最终抵达理想的彼岸。

我国著名数学家华罗庚正是因为有一颗自信、坚强的心，才使得他能够走过成功路上的风风雨雨。由于家境贫寒、学习条件差等诸多原因，华罗庚刚上小学的时候，学习成绩并不太好，毕业时连毕业证书都没拿到，只得到了一张修业证书。许多老师对他做出的评价都是“平庸、低能”等差评，甚至还有同学嘲笑他是废物。这种情况一直持续到他初中辍学回家。

虽然学业受挫，但热爱数学的华罗庚并没有被周围轻视的目光打倒，也没有因为贫穷而放弃求学。他始终坚信，只要自己坚持努力，就总会有收获。华罗庚踏上了自学成才的漫漫长路，而他当时只拥有少得可怜的学习材料：一本《大代数》，一本《解析几何》，一本自己摘抄的仅有50页的微积分。

自学过程中的种种艰难困苦自是不必细说。华罗庚日日早起晚睡，埋头苦读，无论严冬酷暑都坚持伏案不懈。学习时间不够，他就在挣钱贴补家用之余利用零碎时间来学习。凭借着那份自信和坚韧，华罗庚日复一日、年复一年地坚持下去。

也许真的应了那句“故天将降大任于斯人也，必先苦其心志，劳其筋骨，饿其体肤”，上天觉得华罗庚经历的磨难还不足够，又给他设置了一道坎。19岁那年，华罗庚患上了极其严重的伤寒病，长达半年之久，虽然好不容易病好了，但他还是因病落下了个左腿残疾。在以后的几十年里，他便是用这条病腿艰难地行走，先用左腿画一个圆圈，再迈出右腿前进一小步。可以想象，这种费力而奇怪的走路姿势让他收到不少好奇甚至轻蔑的目光。可是这一切并没有打倒他，他依然喜爱数学，依然相信勤能补拙，他还幽默地自嘲自己走路的姿势为“圆与切线的运动”。

一分耕耘，一分收获。1930年，21岁的华罗庚在《科学》杂志上发表了一篇数学论文，令清华大学的数学系主任熊庆来惊奇不已，特聘其为清华大学的教师。此后，华罗庚的人生路越走越顺，他到英国剑桥留学，在美国伊利诺大学任教，又于1950年毅然回国。他在数学界取得了巨大成就，让“华罗庚”这个名字载入国际著名科学家的史册。

是的，一如华罗庚所说，“科学上没有平坦的大道，真理长河中有无数礁石险滩。只有不畏攀登的采药者，只有不怕巨浪的弄潮儿，才能登上高峰采得仙草，深入水底觅得骊珠。”而这种不畏、不怕的勇气，正是源于肯定自己、坚信成功的心态。

逆境中溯流而上是成功路途中不可或缺的一环，同样，面对顺境也需要良好的心态。若被一时的成功迷了双眼，失去分寸，很容易落得个自毁长城的结局。

汉高祖刘邦最终能够得天下，其原因是多方面的，善于克己、虚心纳谏的胸怀值得一说。

刘邦是我国历史上著名的开国皇帝，其声名其实并不太好，魏晋时期的名士、名列“竹林七贤”的阮籍曾对他有过这样的评价：“时无英雄，使竖子成名。”阮籍之所以这样说，是因为刘邦最初是一个游手好闲、喜好酒色的“市井流氓”。

就是这么一位贫民出身却“不事家人生产作业”（《史记·高祖本纪》）的“混混”，在率军攻破咸阳后，其所作所为令人刮目相看，与被称为英雄的项羽截然相反。

据《史记》记载，项羽在进入咸阳后，“居数日，项羽引兵西屠咸阳，杀秦降王子婴，烧秦宫室，火三月不灭；收其货宝妇女而东。”

而刘邦呢？刘邦在项羽之前入咸阳，当时秦王宫里尚有美酒无数，美食无数，美女无数，出身贫民且“好酒及色”的刘邦被诱惑了，当即对属下拍板说：“咱们今晚就住在这里”。

将领樊哙劝诫刘邦说，“我们还是回军营里去吧。”刘邦不同意，“我早就说过‘大丈夫当如是也’，好不容易有了今天，怎么能不享受呢，不行，就住在这。”直到张良来劝，“这里是暴秦君王的住所，你难道想成为第二个暴秦吗？”这话说到了刘邦的心里，他当即下令退出秦宫，驻军灞上。

不仅如此，刘邦还做了三件事：不杀秦王子婴，理由是他已经投降了；与百姓约法三章，言明“杀人者死，伤人及盗抵罪”，除此之外概不追究；不受犒赏，谢绝百姓送来的礼物。至此，刘邦广得民心。

从小小的泗水亭长到揭竿起义，从被项羽打得落花流水到登上帝位，刘邦的成功是诸多因素综合作用的结果，其中也包括他面对胜利时不骄纵、保持清醒的好心态。

项羽出于愤恨而放纵士兵烧杀掳掠，刘邦听从劝诫而克制自己的欲念，两种不同的心态决定了两人不同的行事风格，也决定了最终的成败。正如拿破仑·希尔所说：“人与人之间只有很小的差异，但是这种很小的差异最终却造成了巨大的差异！很小的差异就是所具备的心态是积极的还是消极的，巨大的差异就是成功和失败。”

然而很多时候，成功和失败也不过是一念之间。自以为的成功也许只是一种沾沾自喜，他人眼中的失败也未必那么糟糕。

克里姆林宫里有一位老清洁工，这份工作干了多少年，几乎连她自己都不记清了。面对日复一日琐碎而单调的清洁工作，一直以来，她都尽职尽责。在某些人看来，她可能是平凡甚至平庸地活着，干着一份绝不能称之为事业的普通工作，一辈子都没有出头之日，可她对此不以为然，而是轻松地笑说：“我的工作和叶利钦的工作差不多，叶利钦是在收拾俄罗斯，我是在收拾克里姆林宫。每个人都在做好自己的事。”

将自己的工作和总统的工作相提并论，这句话表面看起来不过是一种幽默，却着实引人深思。身为普通的清洁工，面对达官显贵不自卑，不畏缩，可见其心胸豁达。而更可贵的是她道出了成功的真谛：所谓成功，并非是闪闪光环环绕的大成就，而是一种坦然做事的心态。

每一个人生都有出彩的机会，也许下一个成功的人就是你

综艺节目《出彩中国人》的热播让我们这些普通人得知了一个非常浅显的道理：无论是谁，无论从事哪种职业，只要充满自信，能抓住属于自己的出彩机会，那么下一个成功的就是你。

古时候，一座香火鼎盛的寺庙里有两位禅师，二人是师兄弟。寺里的住持已经年老，要在两位禅师之间选出一位来继承衣钵。听到这个消息，师弟有些心急起来。师弟心想：论学识和资历，两个人不分伯仲，可如何才能让自己领先于师兄，得到住持的垂青呢？

师弟开始为了住持之位忙碌起来，他四处奔走，找到住持的好友，向人家阐述自己的能力与学识，让对方替自己说话。接着他又拉拢寺庙中的小和尚，以博取一个好人缘。

就在师弟忙碌之际，师兄身边的有些人看不下去了，他们

问师兄：“为什么你不去努力争取呢？万一这个唾手可得的机会被别人得去了，岂不是非常可惜？”师兄淡然一笑，“该得到的一定会得到，不属于自己的，与其费那么大的时间与精力去争取，不如安安心心把自己的事情做好。”听完这话，大家都开始对师兄的境遇表示叹息，认为如此下去，他肯定得不到主持的位置了。

没过多久，寺庙里迎来了五年一次的大型活动，就是各大寺院派出顶尖的高手来互相学习交流。师弟觉得显示自己能力的时候到了，他细心地安排筹划，把这场盛会举办得热热闹闹。

没想到在活动最后一天的时候，问题来了。作为主办方，寺庙派出师弟与其他寺院的禅师论禅，却很快被问得没话说了。师弟频频擦汗，无奈实在技不如人。就在这时，师兄走了出来，表示愿意和同行进行友善的交流。平时看似木讷的师兄此时引经据典，侃侃而谈，让大家瞠目结舌。最后，师兄的出色表现还为寺院争得了下一次的活动举办权。

最后，住持将他的位置传给了师兄。住持说了这样一番话：“作为一个得道高僧，需要的是领悟生活中各种道理的精髓。如果连这些都不懂，又怎么能做一个合格的住持呢？”

鬼谷子是春秋战国时期道家的代表人物，他曾经说过：“心散则志衰，志衰则思不达，思不达则事难以成。”无论我们现在处于何种际遇，只要我们能随时随地完善自己，总会迎来大放异彩的那一刻。

艾琳是美国一位经历了两次离婚并带着三个孩子的单身母亲，在一次交通事故之后，她变得一贫如洗，既无工作也无前途，几乎到了走投无路的绝境。万般无奈之下，艾琳只得恳求自己曾经的律师雇用她，在律师事务所里做清洁女工赚钱养家。

一天，艾琳正在处理一堆无用的文件，偶然发现了一些看上去十分可疑的医药单据，这引起了她的困惑和怀疑。当时她说出自己的疑虑后，却只引来了众人的讪笑。面对那么多的专业人士，谁会相信一个清洁女工的质疑和判断呢？可是艾琳并没有气馁，她始终相信自己的直觉。

艾琳开始展开调查，并很快找到线索，发现了当地社区隐藏的重大环境污染事件，一处非法排放的有毒污水正在损害居民的健康，使得当地有些居民患上了一种致命疾病。可怕的是居民们对此并未察觉，甚至对她的结论表示怀疑。但是不久邻居就被她的执着和责任感打动了，大家在同一个目标下紧紧地团结了起来。艾琳用自己的行动赢得了全体居民的信任，成了这片社区的核心代言人。她挨家挨户做动员工作，终于得到了数百人的签名支持，使污染事件得到了令人满意的解决，创造了美国历史上同类民事案件的赔偿金额之最。

凭借这件事，艾琳身上的潜能与品质得到了律师事务所高层的青睐。在事务所的培养下，艾琳考取了律师证，完成了从一个清洁女工到金牌律师的华丽转身。

也许有时我们会感叹，我们准备了太久，却并未看见机会的来临。如果就此放弃，那么就算命运之神此后开始垂青于我们，我们又是否能拿出使自己迸发出光彩的资本呢？

刚刚记事时，史泰龙就知道他的父亲是个赌徒，母亲是个酒鬼。父亲赌输了，打完母亲再打他。母亲喝醉后，同样也是拿他出气。

在拳打脚踢中，史泰龙渐渐地长大了，他经常是鼻青脸肿，皮开肉绽。好在没有人嘲笑他，因为他家所在的那条街上的孩子大都与他一样，成天不是挨打就是挨骂。上到高中时，史泰龙便辍学了。接下来，街头鬼混的日子让他倍感无聊，而绅士淑女们蔑视的眼光更让他觉得惊心。

史泰龙一次次地问自己：难道一辈子就在别人的白眼中度过吗?

在一次又一次的痛苦追问之后，他下定决心走一条与父母迥然不同的道路。自己又能做些什么呢? 冥思苦想之后，史泰龙想到了去当演员，这一行既不需要学历，也不需要资本，对他来说，实在是一条不错的出路。就这样，他开始了自己的“演员”之路。

史泰龙来到好莱坞，找明星、找导演、找制片，找一切有可能使他成为演员的人，他向这些人恳求道：“给我一个机会吧，我一定会演好的！”但是很不幸，他一次又一次地被拒绝。尽管如此，史泰龙他并未气馁。每当有跑龙套的角色，他都积极报名，认真准备。

史泰龙在演过 1300 多个没有台词的角色之后，一位曾用过他 20 多次的导演对他说：“我不知道你能不能演好，但你的精神让我感动，我可以给你一个机会。”终于，幸运女神对史泰龙露出了微笑，他的第一集电视剧创下了当时全美最高收视纪录，他成功了！现在，史泰龙已经被视为美国电影的一个标志性人物。

人生出彩意味着人的才智、创造力被充分释放，也可以说是人身上汇聚的精华在适当的时机突然火力全开，迸发出夺人眼球的光彩。每个人都有出彩的机会，而在此之前你要做好充分准备。毛毛虫几经苦难，为蜕变成蝶做准备，雏鹰扇动翅膀，为搏击长空做准备，而你是否已经为人生出彩做好准备了呢?

有效管理自己的情绪

对于不能有效管理自己情绪的人，西方有这样一句谚语："假如你在为曾经做过的事而抱怨、懊恼，那么无论对错，你都是有错误的一方。"意思是坏情绪对人的未来有巨大的破坏力。

伦敦大学有一位著名的亚历山大·弗莱明教授，多年间他一直致力于研究病原菌的繁殖与生长过程。有一天，他发现青霉把培养病原菌的碟子覆盖了，导致碟子中的病原菌全部死亡。这破坏了他制定已久的研究计划，当时他非常生气与懊恼，甚至想动手掀翻这些做实验的工具。

下了班以后，弗莱明和同事去酒吧喝酒。他心情沮丧，跟同事抱怨个没完，不知不觉，喝得酩酊大醉。在酒精的刺激下，回到家后的佛莱明甚至痛哭失声，继续向妻子不停地唠叨："早知道有这种情况，当初不如不进行这个该死的实验。"妻子冷静地看着他，说："如果每个成功的科学家当初都像你这么想，那么他们早就注定失败。”

第二天，酒醒后的弗莱明终于冷静下来，他开始想补救的办法。让他万万没想到的是，那些惹祸的青霉竟然对他的实验大有裨益，使得他培养出了青霉菌。接下来，他乘胜追击，开始研究青霉菌对于人体白细胞的作用。通过不断努力，他从青霉菌中成功提取出了现在人类所广泛使用的抗生素——青霉素。

弗莱明的同事得知此事后懊悔万分，当初是他最先进行这项研究的，并且在做实验的时候也发现了青霉。可是与弗莱明不同的是，他因为青霉妨碍了研究而怒火万丈，为了发泄怒气，他将那些试验样品统统丢弃，就这样错失了发现青霉素的机会。

每个人的内心都是感性和理性的交织，当我们在被负面情绪影响的时候，理性往往不知所踪，整个人会被坏情绪所支配，做出让自己追悔莫及、甚至抱憾终生的事情。

欧玛尔是英国历史上著名的剑术高手，同时他有一个和他决战了 30 年一直未分胜负的对手。

有一次，两个人正在决斗的时候，欧玛尔的对手不小心从马上摔了下来。欧玛尔看见机会来了，立刻拿着剑从马上跳到对手身边，这时只要一剑刺去，欧玛尔就能赢得这场比赛。欧玛尔的对手眼看着自己就要输了，感到非常生气，情急之下便朝欧玛尔的脸上吐了一口口水，这不仅是为了表达自己的怒气，也是为了羞辱欧玛尔，想用这种办法激怒他，让他暴发。这样，就算欧玛尔胜利了，也会让别人觉得他不光彩。

没想到欧玛尔在脸上被吐了口水之后反而停下了动作，并对他的对手说：“你起来，我们明天再继续这场决斗。”欧玛尔的对手对这个意料之外的变化感到相当诧异，一时间有点儿不知所措。

欧玛尔说：“这30年来我一直在训练自己，让自己不带一丝一毫的情绪同你交战，因此我才能在决斗中保持冷静，这才不至于输给你。刚才在你吐我口水的一瞬间，我知道自己生气了，要是在这个时候赢了你，我一点儿都不会有获得胜利的喜悦，所以我们的决斗明天再重新开始。”

让人没想到的是，这场决斗却再也没有开始，因为欧玛尔的对手从此以后变成了他的学生，他也想学会如何不带着情绪作战，成为赛场上与生活中真正的赢家。

古希腊哲学家赫拉克利特曾经说过：“每个人都应该为自己的行为负责，尤其是因为情绪所带来的心情波动，更要格外小心面对。”当坏情绪蔓延之时，我们应该学会叫停。从表面上来看，也许停下的只是一场没有完成的比赛或者是一项工作，实际上我们已经做到了有效管理自己的情绪。

明代思想家、一代大儒王阳明27岁考取进士后，被授予兵部主事一职。管军务的张忠觉得很是不解，他一直认为武将要有顶天立地的威武气势，而王阳明看起来文质彬彬，谈吐优雅，绝对和兵部这种舞刀弄枪的营生毫不相干。由此，张忠打心里瞧不起王阳明，觉得他根本就没有真本事。

当时，张忠在朝廷里是非常有影响力的，在他的影响下，很多兵部官员私下里都在议论王阳明是依靠关系才谋得这个职位，并没有什么能力。后来，这些背后的议论被王阳明的好友知晓，并告诉了王阳明。好友一再气愤地表示要找对方理论，可没想到王阳明不动声色，依然喝酒下棋。

接下来，传闻愈演愈烈，甚至发展到有人当面嘲讽王阳明。王阳明依然不以为意。最后就连王阳明的家人都对他说：“你不妨找个时机请请这些人，等大家都熟悉了，也就没人再这么欺负你了。”王阳明回答：“如果时时把他人的言论放在心头，或嗔或喜，那么人生还有什么乐趣可言，还能做出什么有意义的事？”

事实胜于雄辩，后来王阳明终于凭借自己的能力得到了大家的认可，也获得了上司的赏识，升了官。那些以前诋毁过他的人胆战心惊地上门求见，他笑着说：“见就不必见了，我什么事情都未曾放在心上，只要你们以后堂堂正正地为官，多为百姓做事就好。”

从王阳明身上，我们要学习的不仅是他的治学之道，还有他控制情绪的本领。

生活中“不如意事常八九”，再加上“人非圣贤”，谁都难免会有情绪起伏不定的时候。也许我们永远都做不到“竹杖芒鞋轻胜马，谁怕？一蓑烟雨任平生”的豪气，可也应该学会在面对人生的磨砺时管理好自己的情绪，努力成为一个成熟而淡定的人。

幸福的人会成功

曾几何时，我们的认知中存在这样一个谬论，认为只有成功的人生才是幸福的。当我们渐渐长大成熟，才猛然发现，我们有时可能将本末倒置了，其实，幸福的人才是距离成功最近的。

男人管理一家小公司，为了事业整日奔波劳碌。每当他在豪华酒店宴请完客户，回到窄小逼仄的家里，看到白发苍苍的双亲，内心都会倍感失落和焦虑，于是他更加奋力拼搏，想要早日赚大钱，给父母更加优渥的生活。

生意场上的厮杀是残酷的，不是全力以赴就能一路顺风顺水。为了争取一个国外的大客户，男人做了各种努力，但对方公司的代表詹姆士一再拖延，迟迟不签合同。

一天，男人突然接到詹姆士的电话，对方提出一个要求，想到他的家中做客。顿时，男人傻眼了，可是又没有办法拒绝，无奈只好定下了时间。

到了约定的日子，詹姆士如约而至。男人惊惶于家中的简陋，连声致歉。詹姆士的反应倒是让人意外。男人以为这是外国人的教养与礼貌，只能报以苦笑，没想到詹姆士却真诚地说："你的家虽然不大，但是充满了生机，让人觉得很温馨。而且你和父母之间的对话，以及你父母对你的态度，让我觉得你是一个非常幸福，同时也是一个会经营幸福的人。"

男人开始重新打量他的家。进门处低矮的鞋架上整整齐齐地摆放着擦拭得干干净净的鞋子。一盆小小的绿萝垂挂在鞋架上，绿意盎然。就连那空间狭小得转不开身的卫生间，他的父母都在高处悬挂了一盆铁线蕨，青葱的枝条在雪亮的瓷砖上闪着柔韧的光。厨房里的炉火上扑扑地翻滚着他最爱吃的排骨汤，香气弥漫满屋。

男人的眼睛突然就湿润了。是的，他爱他的家、他的亲人，他的家人同样也深爱着他。看着詹姆士，他由衷地说："你说得对，无论赚钱多少，我都是个非常幸福的人。"

就在男人家的餐桌上，在热腾腾的饭菜氤氲的香气中，詹姆士与他签订了5年的合作合同。借由这次合作，男人的小公司规模一步步做大。

许多人信奉"莫惜连船沽美酒，千金一掷买春芳"，觉得这才是幸福和成功的标准，也愿意为了达到这个目标而努力。实际上，幸福的定义在每个人的心里，是我们对生活的感悟和满足，而能感知幸福的人，也才能拥有更多的动力走向成功。

东汉著名隐士梁鸿在年幼时经历过家庭的衰落以及战争，这不仅让他更加洞悉人情的冷暖，也使得他格外珍惜来之不易的幸福。

梁鸿在外游学成名后，回到家乡，与志同道合的孟光结为夫妇。婚后，两人男耕女织，互敬互爱，度过了一段平静的时光，也成就了一段举案齐眉的佳话。

梁鸿虽然有真才实学，可是在仕途上颇为不顺。孟光见梁鸿每日眉头紧锁，便对他说："夫君其实不必介怀于名利，真正有才能的人，无论走到哪里，他的所学都不会荒废。现在也许正是好的时候，不如静下心来，好好研习深修。"梁鸿一下子醒悟过来，于是带着妻子悄悄来到灞陵（今陕西西安东北）山中，过起了与世隔绝的隐居生活。

这对夫妻在灞陵山深处用枯树枝和茅草搭起了能遮风避雨的草棚，在山谷中开垦出土地，种上了小麦等庄稼。白天，他们在地里共同劳动。夜晚，梁鸿就着火或诵读经书，或赋诗作文，或弹琴自娱；孟光则或缝衣纳鞋，或添香陪读。夫弹妻唱，远离功名利禄，在大自然中，他们的身心得到了极大的自由。梁鸿乐不思蜀，时常感叹："我觉得如今已经得到了最大的幸福，不如就此隐居山中一辈子吧。"

在这段幸福的时光中，梁鸿的学问也日益精进，并被外人知晓。渐渐地，慕名前来寻访他的人多了起来，最后竟然络绎不绝。有的人是为了请教经书中的疑难问题，有的人是为询问处世的哲理，有的人则是去请梁鸿出山为官。一时间，梁鸿名满京城，竟然成了人们口口相传的能人志士。

回头来看，梁鸿能成功，是因为有幸福的生活作为底蕴。

阿里亚斯是法国瓦洛里的一名理发师。他为人开朗热情，从来不会为了赚取提成而在给客人理发的时候喋喋不休地推销店里的产品。当时，理发师是个不入流的职业，不过这对阿里亚斯可没造成什么影响，他每天吹着口哨，哼着歌，殷勤地为每一位顾客服务。

时间一长，阿里亚斯引起了一位年长者的注意。这位长者就是大名鼎鼎的画家毕加索。毕加索好奇地问他："听说你父母都去世了，你连房子都没有，居无定所，可你为什么总是那么快乐？"阿里亚斯反问毕加索："虽然你什么都有了，可是我也没觉得你比我快乐啊？我没读过什么书，也不会说一些大道理，我只是觉得太阳、空气、顾客，所有的一切都让我觉得很幸福。"毕加索一言未发，从此与阿里亚斯成了朋友。

一日，阿里亚斯去看球，天空下起了小雨，一辆轿车停在了他的身旁。毕加索执意要他上车，载着他一起去看球。毕加索的朋友见到他载着一个理发师，便私下里对他说："你是那么有名望的人，应该结交权贵，而不是给一个理发匠做司机。"毕加索淡然一笑，"我在跟阿里亚斯学习怎样收获幸福，现在他是我的师父。"说完，毕加索竟然将自己那辆限量版的小轿车送给了阿里亚斯。

毕加索去世后，他的朋友纷纷倒戈，到处痛斥、诋毁他。而拥有着毕加索赠予的五十多幅画作的阿里亚斯，却将这些名贵的画作送给了当地政府。

阿里亚斯有一个放理发工具的盒子，上面有毕加索烙的一幅《斗牛图》，此外还有毕加索的亲笔题词——赠给我的朋友阿里亚斯。一位日本收藏家曾想购买这个盒子，他给了阿里亚斯一张空白的银行支票，说数目随便填。可收藏家没想到的是，他竟遭到了阿里亚斯的拒绝。阿里亚斯说："你觉得钱很重要吗？我要是每天盯着这些数目看会觉得很枯燥，然而，一想到将来会有那么多人在博物馆里免费看到毕加索的画，我就觉得那简直是天大的幸福。”

日本商人悻悻而去，阿里亚斯却因为品格的高贵而受到政府的奖励，并且让他以后做清洁博物馆的工作，近距离地去享受他要的幸福。

幸福确实和贫富、等级没有太大的关系，幸福只是对自我的一种肯定。幸福的人能踏实工作，好好生活，不沉溺于幻想，能做到这些，离成功就只有一步之遥了。

做一个务实的理想主义者

人人都有理想，然而并不是人人都能实现理想。虽然这其中的原因有很多，但是追根究底，无非是没有处理好想和做的关系。如果只是一味做梦，一味空想，却始终不曾脚踏实地地去做事，那么所有理想最后必然只能成为没有根基的空中楼阁，虚无缥缈的海市蜃楼。

渴望成功的年轻人都曾思考过这样的问题：要如何做才能实现理想？当理想和现实发生冲突，要如何选择才是正确的？

古希腊著名哲学家苏格拉底和一位年轻人的对话，也许能为我们解开疑惑。

这位年轻人是柏拉图的一个堂弟，名叫格老孔，他在20岁之前非常渴望能够成为城邦领袖，为此他十分热衷于进行公开演讲，向大家述说他“梦想的蓝图”。

可惜，格老孔虽然拥有远大的理想，却并不具备相关的知识和才能。所以在他的家人和朋友看来，他的理想完全是好高骛远的想入非非。大家都劝他不要再做梦了，但格老孔完全听不进去。

苏格拉底知道这件事后，考虑到自己和孔老格的关系，决定劝说这位有抱负的青年。他热情地对格老孔说，“喂，听说你立志要做我们城邦的领袖？这太好了！如果你的目标能够实现，你就能为家族扬名，你的名声将传遍全城甚至整个希腊，到那时无论你走到哪里，都会受到人们的敬仰！”

格老孔听了很高兴，觉得终于遇到了懂得自己的人。

没想到接下来苏格拉底话锋一转，说：“不过很明显，倘若你想要受到人们的敬仰，就得先对城邦有所贡献，对吧？”

格老孔点头应是，于是苏格拉底就请他讲讲具体的打算。

格老孔以前可没想过这些，就在他思考的时候，苏格拉底开始提问了：“是不是先要使城邦富裕起来？要富裕，是不是先要让税收增多？那么税收是从哪里来的？税收的总数应该是多少？税收不足的话，还有其他的补充来源吗……”

这一连串的问题让格老孔愣住了。

苏格拉底继续说道：“治国和治家是一个道理，关于治国的问题有时确实很难回答，所以可以先学会治家，你为什么不从增进你叔父家的福利开始呢？”

格老孔回答：“只要叔父肯听我的建议，我相信我一定能帮到他们。”

苏格拉底笑了，“怎么，你连自己的叔父都无法说服，还希望整个雅典人都听你的劝告吗？年轻人，你一心想出名，但不要适得其反啊。看看现实吧，所有被人们尊敬和赞扬的人都是知识广博的，相反，被人们轻视的都是那些无知的人。如果你真想获得盛名，那么首先就应当学习广泛的知识，学会处理具体的事务。只有这样，你的目标才容易实现。”

现实生活中，如同格老孔一般的年轻人有很多，他们浮躁且盲从，看到成功者的辉煌，便怀揣着自以为是的梦想去跟风，期待着一夕之间跃上高峰，却很少去考虑自己的理想是否符合自身的现实，这就注定了理想必定触礁的命运。

时尚先生燕岚便是一个务实的理想主义者，他自新加坡东亚管理学院毕业后，曾尝试过奢侈品运营、售后服务、豪车租赁、会展等多个行业，最终在多次实践摸索后找到了自己的位置，获得了令人羡慕的成功。

1986 年出生的燕岚是在陕西商洛的一个农村家庭中长大的，很小就学会了做饭、洗衣，并帮助大人打理家中十平米大的杂货铺。后来，为了生活，他试过和朋友一起倒卖二手苹果手机，做过酒店客房服务员，后来又去国企单位做主管，进外企工作等，可以说，从乡下走出来到多次创业，再到成功翻身，燕岚走的是一条曲折而艰辛的路。

为了实现心中的成功梦，燕岚一直坚持“想得具体、做得更具体”。

2011 年，燕岚做第三家公司“古资国际奢侈品”时，简直是不遗余力。“一个愣头小子，一个双肩包，一顶棒球帽，一条牛仔裤，一个有了年头的日记本，一支用了多年的派克烂笔头”，他厚着脸皮去争取各种跟奢侈品、收藏品有关的机会，莽撞地去拜访各位企业家前辈，还曾偷偷地去本地的同行企业做小工。

天道酬勤，在燕岚的努力下，古资成了当时西北乃至全网络平台唯一一家没有烧钱，网络排名与当时著名奢侈品的搜索率一样高的公司。令人遗憾的是，由于种种原因，古资公司最终没有避免破产的命运。那段日子里，家人埋怨，朋友质疑，失败的沉重打击，燕岚一一承受了，也在心灰意冷之后重新振奋，重新开始。

2014 年，燕岚成立了 LEF－CHINA 奢侈者联盟，2015 年创立陕西国盛互动企业营销有限公司，后担任卓联网陕西集团公司创始人，广州国盛科技卓联网公司董事，如今的他可谓独占“桌联网”市场。

后来燕岚在接受记者访谈时曾说，20 年前自己敢想敢做，仅仅是为了能减轻父母每天在外奔波的疲惫。“我不是富二代。上大学的时候我学的是金融，我本想做奢侈品，可是没有‘许可证’；我也想做金融，但最后发现那都是聪明人干的事情，我们这些所谓勤奋创新的人根本进不去。相当长的时间内，我一点儿都不喜欢传媒和广告，也不喜欢做商人，一只建盏(瓷器名称)，三杯清水，一间茅屋，便成了自己内心逃避的向往。但是形势比人强，这个社会搞商业容易成功，搞传媒和广告更容易把自己卖出去。不喜欢是一回事，但是这是我的职业，我得负责任……我现在是很喜欢做桌联网的这个事情……如果当时我没有坚持下去，不敢去争取，就没有机会了……”

“有梦想是好事，只需切记一点——要当追梦人，勿做空想家。”燕岚在回顾往昔历程时做出了这样的总结。

人不能没有理想，但只有理想，理想最终就沦为了幻想。有人说理想是骨感的，那是因为需要现实去完善它的血肉。在实现理想的路上，不空谈空想，而是踏踏实实去做，理想实现的那一天难道还会遥远吗？

人最宝贵的财富不是金钱

人的一生，最宝贵的财富是什么？每一个人的心中，都有独属于自己的答案。是健康、亲情、道义、真理、梦想，或是活在当下，去感受一缕阳光的灿烂，一朵花的绽放……除此之外，还有一种回答最能引起人们的争论，那就是金钱。

金钱究竟有多重要？在人类有限的生命中，它应该占据多大的分量？这是永远值得深思的命题。

关于金钱和幸福的辩论，似乎是永无休止的。正所谓物质基础决定上层建筑，换成大白话说，就是没有钱是万万不能的。生活中的一针一线，一碗饭一杯水，都需要用钱去换，没有足够的金钱解决物质生活的困顿，心灵必然会被无数烦恼忧愁所困扰。

正因为现实生活里，金钱有着不可或缺的作用，于是很多人成了金钱的追逐者，甚至成了金钱的奴隶，比如葛朗台。

葛朗台是法国著名作家巴尔扎克笔下一个极具代表性的人

物，他生活在法国的索尔城，原本只是一个毫不起眼的普通箍桶匠，却利用1789年的革命形势和各种手段，使自己在几年间摇身一变，成为当地最有钱也最有威望的商人。毫无疑问，他非常会挣钱，几乎从不放过任何时机去聚敛钱财，同时亦是不择手段，不仅能大大方方地吞并他人财产，还能冠冕堂皇地化公为私。对于他的理财本领，巴尔扎克在书中有一段形象而精彩的描写：

“在理财方面，葛朗台先生就像一只猛虎，一条巨蟒。他懂得如何躺着、蹲着，把猎物瞪上半天再扑上去，张开钱袋的大口，吞进成堆的金币，接着就安安静静地躺下，就像一条吃饱了的蛇一样，不动声色地、冷静地、慢条斯理地消化着吃到肚子里的东西。”

更可怕的是，对于这样一个不择手段的商人，当地人，甚至包括被他侵夺财产的受害者，都不曾怨恨他。因为在大家心目中，他是一个成功者，他拥有大量金钱，也比别人都善于谋取金钱。

抛开道义是非这些不论，葛朗台的确是成功的，从箍桶匠到巨富，可不是一般人能轻易做到的。按理说，有了这么多钱，这么高的地位，葛朗台应该会过得幸福而快乐了吧。但是事实恰恰相反，他懂得挣钱却不会用钱。他依然住在破烂的老房子里，每天亲自分发家人所需的食物，因为女儿给恋人支援了6000法郎的经商资金而将她拘禁，结果使得自己的妻子一病不起……

虽然拥有金钱可以改善我们的生活，但是在人短暂的一生中，金钱绝不是最宝贵的人生财富。获取金钱是为了让自己和家人过上更幸福的生活，而过度的追求物质，将时间、精力都套进金钱的枷锁中，无疑是一种舍本逐末的可悲行径。

杨雪梅出生于重庆云阳县堰坪乡中升村，父亲是一名兽医，同时在村里开了个小店，日子虽然比一般村民过得稍好一点儿，但总体来说仍然是经济拮据。杨雪梅从小便十分好学，望女成凤的杨兽医宁愿省吃俭用，也要供她读书。杨雪梅也没有辜负父亲的期望，2000 年考上了医科大学，攻读中医药专业。

2005 年，杨雪梅大学毕业，成为一名中医院的护士培训师，每月工资 4000 多元。她的男朋友是医院的医生，家里还开有一家中医诊所。

在大多数人看来，杨雪梅的人生到这一步，也算是可以安安稳稳地按部就班，领着固定的工资，和家境不错的男友结婚生子了。然而事实完全相反，杨雪梅并没有觉得自己可以开始享福了，倒觉得人生中还有很多缺憾，因为她的父老乡亲的日子还不够好。但是如何帮助乡民呢？一时间，她实在想不到什么好办法。

直到 2008 年初，她回老家为去世的奶奶奔丧。承受着失去亲人的悲痛，再看着一块块无人耕种的荒芜田地，看村里人仍然过着贫困的生活，霎时间，悲悯、同情……很多种情绪瞬间淹没了她的心，也淹没了她对自己的好日子的留恋。这一次，她终于决定辞职回乡，帮助乡亲们摆脱贫穷。她的计划是回乡种植中药材，带动村民们一起干，一起致富。

然而，杨雪梅的这个想法受到了亲人和朋友的极力阻挠。除了男朋友支持她，其他人都认为她是放着好日子不过瞎找事，甚至连她一心想帮助的村民们也说三道四，认为她其实是在城里待不下去了才回乡。但这些并没有让杨雪梅改变决定，她卖掉了自己已开业半年多的中药美容院，拿出和男友的共同积蓄，并借款 20 多万元，毅然回乡创办了一家农业开发公司。

为了有足够的土地种植中草药，杨雪梅四处游说村民，并坚定地承诺，万一亏损，一切由她负责。如此花了两个月时间，才凑足 30 多亩地。无奈万事开头难，第一次种植的旱半夏，眼看都到了丰收的时候了，却连续出现阴雨天气，导致几乎全部都烂在了田里。当然，为了不失信，她承担了全部损失。为此，她不得不又卖掉了家里的老房子，才凑到第二次种植所需的资金。

如此，经过三年的时间，杨雪梅已在堰坪乡及其附近建立了 2000 多亩药菊种植基地，产值 800 万元，使得 1100 多家农户实现增收。

月收入 4000 多元的医生和总资产近千万元的公司总经理，哪一种算是成功？也许在大多数人眼里，后一种身份更加风光。但其实这并没有可比性，因为治病救人的意义并非金钱可以衡量，而杨雪梅创办公司的目的也并非是自己挣钱，而是让更多人致富。

是的，人之所以为人，是因为能利用双手创造财富，但人之所以伟大，则在于能利用财富济世。智慧的、成功的人生是懂得自己所求，不被名利金钱所拘囿。

你的初心，决定你的世界

《菜根谭》中有云：“文章作到极处，无有他奇，只是恰好；人品做到极处，无有他异，只是本然。”

文章写到最美妙的境界，没有什么特别奇异之处，只是写得恰到好处；品德修炼到最高尚的境界，没有什么特别的地方，只是表现了人最善良的初心。

知名职业分析师丹·平克曾在罗彻斯特大学心理学系演讲时说起自己的人生感悟：“人活的就是信念，你内心深处相信什么，你的生活必将成为什么。而那个你内心最深处所相信的东西就是你的初心，就是你的本心。”

几十年前的中国台湾嘉南沿海地区出现了一种脚部疾病，得了这种病的人一般都会出现两种症状，一种是整只脚会硬得像是一根烧焦的木头；另一种症状则更加可怕，病人脚的表皮会溃破，继而散发出难闻的腥臭味。

这种病学名叫作坏疽或脱疽，当地人则习惯称呼它为乌脚病。

当时的医术不发达，得了这种病的患者除了截肢，再无别的办法。这对于当地本就不富裕的家庭来讲，无异于雪上加霜。

出生于台南北门乡的王金河那个时候年纪还小，他看着身边的很多人都被乌脚病折磨，于是暗暗发誓将来一定要做医生，给大家治好这个病。

王金河中学毕业后选择赴日本留学，学成之后他并没有选择留在日本过安逸的小日子，而是毅然回到家乡，以自己的名字开了一家诊所，用多年学成的本领来为家乡人解除病痛的折磨。

王金河本着医者父母心的想法做了一个决定："从今天起，我的诊所上午正常营业，而下午用来治疗乌脚病人，且是免费的。"当时听到这话的人都惊呆了。王金河没有做过多的解释，而是用实际行动来告诉大家他的坚持。

乌脚病的伤脚所发出的恶臭气味，就连患者的家属都退避三舍。可王金河每次对患者进行诊治，都亲自为患者涂药、包扎。他还要求诊所里所有医护人员，不能因为不收取费用而怠慢了任何一位病人。

在治疗中，王金河发现病人康复得相当慢。一次，王金河在午饭时间打开了一位患者带的盒饭，发现里面就放了几根咸菜。患者羞怯地说："王医师，虽然你不收取我们治疗的费用，可家里少了一个劳力，能吃饱饭就已经不错了。"王金河喊来妻子，大声说："从今天起，凡是我们诊所收治的病人，一律提供一日三餐，必须要让患者吃饱、吃好。"接着，王金河用力挥动了一下双手，“费用还是全免，都算我的。”当时整个诊所里掌声雷动，甚至有的病人感动得流下了热泪。

王金河的事迹引来许多记者对他进行跟踪访问，大家都想知道他是如何做到几十年如一日地贴钱贴物帮助这些病人。王金河笑着说：“其实很简单，我就是当初怎样想的，就怎样去做，仅此而已。”

就这样，王金河无私奉献50年，人们尊称他为“乌脚病之父”。

如果王金沙忘却了当年的初心，也许现如今的他只是某一个医学领域的专家、学者。可正因为他胸怀初心，按照当初的设想一步步脚踏实地地走下去，才有了今天的成就和辉煌。

起心动念，决定人生成败；不忘初心，方能始终。

美国东部小镇罗村名不见经传，却吸引了一位来自中国的美丽女孩。她不远万里来到这里，只因为看了一篇发表在专业杂志上的论文。论文涉及的心理学领域让这个女孩觉得这是一个十分伟大的动机理论，让她看到了人的天性中更积极的动力源泉——内在动机。直白一点儿说，就是不忘初心。

女孩最终决定放弃经济学而投向市场营销这个自己更加热爱的学科。出于想感激这篇文章的作者——两位住在罗村的心理学家，以及对营销的热情，女孩来到了这个美国东部的小镇。

女孩在罗村商学院度过了梦幻的一年，团队合作、案例学习、数据分析这些有趣的工作都充分激发了她的内在动机，市场研究、数据库营销这些课程也给予了她在商业世界里源源不断的灵感。虽然学业艰苦，可女孩却骄傲地表示："因为我都在做自己，在最真实地表达自己的理想和兴趣，在最真实地学习和锻炼自己的能力，所以我从来没有觉得疲累。"

回想来美国之前的那段日子，虽然学习市场营销一直是女孩最初的梦想，可是在家人朋友的游说下，女孩选择了学习经济学。进入自己并不喜爱的专业领域学习，女孩恍若陷入了一个怪圈，作业、考试、理想的成绩、旁人的眼光，凡此种种让女孩心力交瘁，她觉得自己缺少了活着的动力，心灵也难以自由地飞翔。直至女孩看到了那篇论文，她终于肯静下心聆听来自自己心灵深处的呐喊："我想成为真实的自己！"

那篇论文的主题是讨论"积极心理学"，积极心理学发源于行为主义，它强调个体行为的产生是由外部的控制所致。读完这篇论文，女孩看到了自己内心深处潜藏已久的能量，这种能量并非来自胡萝卜和大棒式的奖励与惩罚，而是来自人天生的积极性与外界环境共同作用构成的内在动机，这种动机来源于我们对事物本身的兴趣，即使在没有外在奖励的诱惑和惩罚的威胁下，我们依然会自发地表现自己的行为。女孩自省，在还拥有选择权的情况下，为什么不听从自己心中的那个声音呢？于是，从那一刻起，女孩决定主动把握自己人生的方向盘，选择前往一个自己的兴趣或价值观真正认可的地方。就这样，她来到了罗村，选择了自己最爱的专业领域。

女孩听从了自己内心的召唤，听从了自己的初心，最终在自己所钟爱的专业领域收获了事业的成功，更难得的是收获了心灵的静谧。

我们说一个人活得拧巴，是指这个人忘记了自己的初心，就是没照自己的本心去活，内心时刻在纠结着，斗争着。趁着我们还年轻，把握现在，坚守初心，去做我们想做的事。成功之路如果有初心相伴，自是一路欢笑一路歌。

Part 02

规划属于你的人生

你可知道自己喜欢什么、擅长什么？
什么能激荡你的心灵、点燃你的热情，
并让你从中获取无限能量？
听听内心的声音，规划自己的人生，
活出属于自己的精彩。

什么样的人生才算精彩

人们对人生成功的定义大致相同，生活美满，事业有成。至于说怎样才算活得精彩，则是见仁见智。

颜之推说："光阴可惜，譬诸逝水，当博览机要，以济功业。"

高尔基说："人的一生是很短的，短暂的岁月要求我好好领会生活的进程。"

培根说："选择机会，才能活出精彩。"

将这些名人的言论凝练成一句话就是：把握现在，规划人生，让生命适时地绽放，才算活出精彩。

时传祥出生在一个贫苦的农民家庭，由于家境实在贫寒，为了不被活活饿死，他 14 岁时就逃荒流落到北京宣武门一家私人粪场当了掏粪工。在旧中国，掏粪工不仅地位低下，还要受恶势力的压榨和盘剥。时传祥在这些"粪霸"手下一干就是

20 年，期间受尽的苦楚简直是难以言尽。

中华人民共和国成立以后，提倡人人平等，职业不分贵贱，时传祥第一次知道原来做一名掏粪工也会得到人们的尊敬。他立志要把掏粪工作做好，为人民服务。

时传祥任劳任怨地工作，很快被工友推选为崇文区“粪业工人工会”委员。1952 年，他还加入了崇文区清洁队，从事城市清洁工作。

更让时传祥开心的是，北京市人民政府为了体现对清洁工人劳动的尊重，不仅提高了他们的工资，还想尽办法减轻大家的劳动强度，把过去运粪的轱辘车全部换成汽车。运输工具改善之后，时传祥觉得更加不能辜负了组织的信任，于是尽量为国家省下每一笔开销。他合理计算工时，把过去 7 个人一班的大班改为 5 个人一班的小班，人员减少了，开支必然也就相应缩减。他还带领全班由过去每人每班背粪 50 桶增加到 80 桶，他自己则每班背 90 桶，最多每班掏粪背粪达 5 吨。时传祥因为长期劳作，身体早已经积劳成疾，可他依旧奋战在工作第一线。管区内居民享受到了清洁优美的环境，而他背粪的右肩却被磨出了一层厚厚的老茧。

时传祥因为掏粪而名声大噪，得到了市民们的夸奖和尊敬，可他仍旧觉得自己做得还不够。公休日的时候，他肩背粪桶，走家串户，为居民、机关和学校义务清理粪便，整修厕所。1956 年 6 月，时传祥光荣地加入了中国共产党，1959 年又被选为全国劳动模范。

就这样，时传祥在平凡的岗位上活出了自己的精彩，成为全国著名的劳动模范，《人民日报》、中央人民广播电台等新闻单位都对他的事迹做了报道。尤其在时传祥已经接近退休的年纪，为转变部分青年工人怕脏、怕丑的思想，年近半百的他把脏活累活抢着干，对青年工人言传身教，以“工作无贵贱，行业无尊卑；宁愿一人脏，换来万人净”的职业道德观教育影响青年一代，使他们安心本行业工作。

1966 年国庆观礼，时传祥作为北京市观礼团副团长受到毛泽东主席的接见，周恩来总理在招待宴会上给他敬酒。时传祥当时颤抖着双手，捧着酒杯，他觉得自己只不过比较好地完成了本职工作，而国家却给了他莫大的殊荣。

其实所谓精彩，并不是要我们必须取得突出的成就，或者说是争取到何种荣耀，只要我们找准方向，脚踏实地，哪怕是最平凡的工作，也能干出属于自己的精彩。

裴迪是盛唐时期著名的山水田园诗人，他常年隐居于终南山，且非常享受这种看似单调的日子。崔九曾与王维、裴迪一同隐居于终南山，但他嫌隐居的日子孤单而寂寞，不大愿意一直这样过下去，便趁着一次有人请他做官的机会告别了王维和裴迪，只身下山，去寻求自己的功名。

崔九做官后惦记着裴迪，一再相邀，希望他离开那片荒山野岭。崔九在信中说：“如果你不来这繁华都市，享受对酒高歌的快慰，真是虚度了人生。难道你这一辈子就这么单调地活下去吗？”

裴迪回复他说：“不是求得功名利禄人生就会变得有意义，你觉得成功就是做官，我眼里的成功却是一辈子要活得精彩。”同时，裴迪又反过来劝崔九，“既然我们在山水之间找到了真趣，找到了自己思想感情的寄托，就不要像陶渊明《桃花源记》里的武陵人一样，找到了桃花源却轻易地放弃了。”

正所谓1000个读者眼中有1000个哈姆雷特，每个人对于人生的精彩也会有各自的看法，所以不必去追问、比较，也不必过于在意他人的看法，无论我们如何选择，只要相信自己的选择是正确的，那就坚持到底，在努力达到成功的同时，也就找到了属于自己的精彩人生。

一只由7人组成的登山队打算攀登珠穆朗玛峰，之后这支名不见经传的登山队居然受到了各大媒介的追捧。原因无他，只因为这支队伍里有一位年龄较大的队员引起了各方关注，他就是人称地产大亨的万科集团创始人王石。

登山的过程是艰苦的，和其他人相比，王石显得从未有过的低调。当别人神采飞扬地接受着媒体的采访，眉飞色舞地讲述着路途上的所见所闻时，王石默默地坐在帐篷里，不言不语。其实大家最好奇的就是王石的想法，不理解身价已经能登上福布斯排行榜的他选择这种“玩命”的活动。然而无论别人怎么询问，王石都不置一词，就连在遇见美丽的风景，别人都忍不住纷纷留影欢呼之际，他也是默默地利用短暂的休息时间补充自己的体力。

当此行的目的地——峰顶出现在众人面前的时候，很多队员纷纷选择了放弃，因为沿途体力消耗过多，他们深知自己已经没有能力再去摘得这就在眼前的荣耀。而这时的王石却一鼓作气，最终攀上了珠穆朗玛峰的顶端。

下山之后，王石终于开口说话了。“事业其实对我来讲是一种工作，我成功与否都不重要，只求尽力就好。登山对我来说是种爱好，能不能将这种爱好完成到极致，它成了我的期盼，也是我忙碌生命中的一抹亮色。如果说事业的成功满足的是我征服的欲望，那么登山则决定着我的人生是否活得精彩，这两者并不相悖。”

丽莎·茵·普兰特曾经说过，“成功不一定美，但用成功创造出的生活，那一定是最精彩的。”环境虽给了人们一些限制，但很多时候，做什么，怎么做，依然可以由人自己选择。无论我们选择什么，只要能让自己活得更好，活得更加有意义，就已经是一种精彩。

认识自己，才能接纳自己

人贵有自知之明，这句话当为每个成年人的行事准则。

自知：自己了解自己。

明：看清事物的能力。

透彻地了解自己，对自己有正确的估计，才能更好地接纳自己，完善自己，做到有的放矢地规划自己的人生。

美国有一位很了不起的拳王叫路易，他出身寒门，随着战绩的提升，心里膨胀得也相当厉害。渐渐地，他变得傲慢无礼，目中无人。有一次，他觉得裁判不公，竟然挥拳打了裁判，结果被禁赛了。

郁闷至极的路易和朋友一起驾车出去游玩。两个人正听着音乐，哼着歌，突然前方的车猛地一个急刹车，路易他们跟得太紧，一下子造成了追尾。

前面那辆车的司机怒气冲冲地从车上跳下来，对着路易大喊大叫：“有你这么开车的吗？你到底想怎么样？别以为你块头大我就怕你。告诉你，我可是练过拳脚的，到时候别怪我不客气。”司机越说越激动，开始出言不逊，一边说，一边挥动拳头，大有想把路易打个稀巴烂的架势。

路易的朋友指着那司机说：“你知道你在跟谁说话吗？他可是最伟大的拳王路易。”

路易此时已经摩拳擦掌，打算用武力结束这场纷争，没想到司机的一句话像一记重拳，一下子把他击倒了。司机说：“我不知道什么最伟大的拳王路易，我只知道他是个连车都开不好的路人，我们现在说的是车的事，就算你是总统，你也是犯错的那个人，有什么了不起。”

重新上路的路易情绪低沉，他喊朋友调头，将车朝他家乡的方向开去。老家的亲戚朋友看到路易非常高兴，他们喊着路易的小名，指着他曾经住过的低矮木屋。路易也变得从未有过的谦和，甚至有邻居摸着他的头说：“这小子好样的，一点儿都没变。”

驱车回来的路上，路易如释重负。不但主动找到裁判赔礼道歉，甚至在以后的日子里，他也再没有发过脾气，对谁都非常有礼貌。所有人都感到纳闷，不知道他是如何转变的。

路易笑着跟朋友解释：“其实无论我在事业上多么出色，我都是那个来自肯塔基的穷小子，人们以前尊重的是我的职业，并非我的人品。从今往后，我要重新改变人们对我的看法，穷富都是我的人生，我要堂堂正正做一个人品端正的拳手。”

最终，路易正视了自己的一切，重新站到了拳坛上，再塑辉煌。

罗兰曾经说过，“各人有各人理想的乐园，有自己所乐于安享的世界，但是认识并接纳自己，展现出最好的自己，才是你一生要走的道路。”

电影《寻龙诀》票房超过12亿，执导这部大片的导演乌尔善的经历更是传奇。

乌尔善出生于20世纪70年代，20岁时考入中央美术学院油画系。读到大二时，颇具个性的乌尔善突然发觉所学专业并非他喜欢的，于是毅然退学，并奇迹般地考入了北京电影学院导演系，潜心学习广告导演专业。毕业后，乌尔善成了一名广告导演。

虽然是拍广告，可乌尔善硬是将广告拍出了大片的气势，因此被《画皮2》的制片人看中，并且力邀乌尔善掌镜。乌尔善婉拒说：“我只是个广告片导演，并无执导电影的能力。”可是制片人却肯定地说：“这个片子非你莫属。”

乌尔善明白自己最擅长的就是拍广告，那么何不把自己熟悉的手法用于电影中呢？后来，他竟然仅用600万资金拍出了3000多个镜头，这在电影史上简直是个奇迹。

乌尔善明白，自己的强项是科技与色彩的运用，于是不走寻常路的他硬是用拍摄广告的手法拍出了《画皮2》，继而又拍摄了被好莱坞号称“中国版《夺宝奇兵》”的《寻龙诀》。

有人评价乌尔善，“这个年轻人太明白自己，也懂得自己。”正是因为乌尔善完全接纳了自己，没有否定自己；认识自己，并且了解自己，从而发挥所长，最终做到厚积薄发，成为一代名导。

美国现代成人教育之父卡耐基曾经在培训学员时，让学员们尽量保持每天十几个小时对镜子里的自己报以微笑，坚持一个星期，然后谈谈感想。学员们即将离开时，卡耐基郑重地叮嘱大家："切记，笑不是目的，只是让你们能爱上自己，并由此产生自信，悦纳自身，才能去说服别人。"这句话值得我们深思。

丽贝卡是个身材匀称、容貌姣好的姑娘，而且她还有着阳光般的笑容。她在一家公司从事清洁工作，每天都坚持早来晚走，将所有办公桌都收拾得一尘不染，各种文件分门别类摆放得整整齐齐，就连阳台上的小杂物也各有其位。在丽贝卡的打理下，整个公司给人生机盎然的感觉。

因为工作认真负责，丽贝卡得到了上司的赏识，被擢升为后勤主管。

升职不久，丽贝卡开始觉得自己有经验、有资格，渐渐地对许多事都看不顺眼。不说对方吧，憋在心里实在气闷；可是说了也没有什么用，因为对方不改的话，自己更觉得生气。于是不知不觉中，她开始用带着怒气的口吻和同事说话了。

"你得看看你的桌子了，好像几百年没有擦过一样，在上面工作你难道不会觉得难受吗？"

"乔治，你难道不觉得惭愧吗？为什么你给我的文件总是这样乱糟糟的？"

就这样，丽贝卡生气的时候越来越多，她觉得全世界都在和她作对，而公司的同事也开始渐渐疏远她，因为大家觉得丽贝卡实在是太令人讨厌了。

"你要是能干就自己干，如果不能，又何必苛责别人呢？"当有人用这种话来质问丽贝卡的时候，她也理直气壮地说："我当初做内勤的时候，办公室是多么整洁，桌子一尘不染，可你们看看你们现在工作的标准，简直还不如我那个时候的一半……”说到这儿，丽贝卡突然明白了一个道理，她找到经理，要求重新回到原来的工作岗位。她觉得自己根本就不擅长做一名管理者，清洁员的工作才是最适合自己。

最后，丽贝卡又做回了清洁员，办公室恢复了往日的整洁温馨，而丽贝卡的脸上也重新绽放出了笑颜。

“人莫鉴于流水，而鉴于止水。唯止能止众止。”水能作镜子，想看清楚自己的样子不能于流水之上，因为流水不平，只有停滞的水才能鉴物。

想要认清楚自己也同此理，不能只听他人言，而要反省自己的内心。只有当我们认清楚了自己，并且真心地接纳了自己的好与坏，才可以扬长避短，呈现出最完美的面貌。之后，人生的道路也会走得越发顺畅。

做你热爱的事，并乐在其中

因为喜欢，所以快乐。因为喜欢，所以坚持。

所谓梦想，其实就是真心喜爱的折射。

所谓成功，则是抵达爱与乐的彼岸。

一个人如果能够一直做自己真正热爱的事，便能拥抱最好的人生。

查尔斯·罗伯特·达尔文，这是一个值得人类铭记的名字。这位著名的英国生物学家提出了以自然选择为核心的进化论学说，令生物学发生了一场革命性变革，而他所撰写的著作《物种起源》则见证了这位学者 20 多年的辛勤研究。

然而，若将时光往前追溯几十年，没有人能想到达尔文的人生会和生物学融合在一起，除了他自己。达尔文从小便对自然界的一切有着浓厚的兴趣，早在他 9 岁时，便对父亲说："我想世界上肯定还有许多未被人们发现的奥秘，我将来要周游世界，进行实地考察。"

达尔文的祖父和父亲都是医生，且在当地颇为有名，全家人都期望他能够继承祖业。他们认为孩子的兴趣只是一时的，研究植物只能作为业余爱好，而不能成为职业。于是在达尔文16岁时，家里人“逼”着他去了爱丁堡大学学医。

尽管如此，但是一颗一心热爱自然的心又有什么能够阻挡呢？达尔文根本无心学医，只有在面对自然界的动植物时，他才能感到自己的热血在涌动，感到灵魂的满足。因为内心不可遏制的热情，达尔文几乎成天在外“游荡”，观察大自然现象，收集动植物标本……他的这种行为让父亲愤怒了，认为他不务正业。

父亲虽然恼怒，却又不得不有所妥协。于是在3年后，父亲又将达尔文送到了剑桥大学学神学，希望他以后能成为一名牧师。

当然，这一次父亲的希望又落空了，达尔文依然放不下自己的兴趣爱好，连敷衍着学习神学也不愿意了。除了吃饭睡觉，他几乎将所有的时间都用来观察花草树木如何生长，鸟兽鱼虫如何生活。有一回，他站在一棵树下观察几只小鸟，为了不惊动小鸟，他一动不动地站着，以至于有一只小松鼠将他误认为是一根木桩，顺着他的腿便往上爬，直到爬上他的肩膀。

这是怎样一种浑然忘我的境界啊！而这种沉溺其中、不受周遭一切影响、仿佛时间已停止的境界，完全是源于达尔文全身心的投入，源于发自内心而毫不保留的热爱。这是每一个人在面对自己真心喜爱的事情时自然而然的表现。

只有在做自己热爱的事情时，我们的心灵才能从中获得巨大的满足，才能不计较得失，不受其他外在因素的影响，心甘情愿地为之付出所有的热忱和努力。而一分耕耘，一分收获，当我们努力了，付出了，成功还会远吗?

22 岁的达尔文放弃学习神学以后，毅然开始了自己真正的寻梦之旅。他花了 5 年时间去环球旅行，观察、研究世界各地的地质、动植物等情况，回到英国后又用了近 20 年时间做实验，终于在 50 岁时出版了《物种起源》一书。此书一经出版，便震动了当时的学术界。

兴趣令我们不觉辛苦，令我们迸发激情，并从中获得源源不断的动力，甚至使我们的灵魂得到洗礼。

翻开诺曼·卡曾斯撰写的《病理的解剖》一书，我们同样能感受到著名音乐家帕布罗·卡萨尔斯身上这份因兴趣而生的激情。

诺曼·卡曾斯在书中详细描述了他与卡萨尔斯的一次会面。那时，帕布罗·卡萨尔斯，这位杰出的西班牙大提琴演奏家，已是即将庆贺九十大寿的老人。严重的关节炎使得他双手肿胀弯曲，双腿无力，穿衣服需要人协助，走路也需要人搀扶，肺气肿更是令他连呼吸都觉得费力。总之，他衰老虚弱的样子，简直让诺曼·卡曾斯这位朋友不忍直视。

可是，很快，这位老人就让诺曼·卡曾斯“刮目相看”了。

那是在吃早餐之前，帕布罗·卡萨尔斯依照习惯来到了钢琴前，他颤颤巍巍，吃力地被人扶着坐在钢琴凳上，慢慢地将那双肿胀得很难看的双手放在琴键上。突然，叫人不敢置信的事情发生了，他仿佛变了个样子，变得年轻、健康，神采飞扬。

他的手指缓缓地舒展地移向琴键，好像迎向阳光的树枝嫩芽。他的背脊直挺挺的，呼吸也似乎顺畅起来。

他的整个身子像被音乐融解，不再僵直和伛偻，取而代之的是柔软和优雅，不再为关节炎所苦。

更神奇的是，演奏完毕后，他竟能自己离座，走向餐桌，大口大口地享用早餐，然后走出家门去海边漫步，拥抱他最热爱的大自然！

“大自然给予了我灵感，它是我的老师，是我深思的源泉，我每天早上所做的第一件事是欣赏大自然，然后就是演奏巴赫的音乐。晴朗的天空、森林和花朵，这世界上有多少值得我们热爱的东西啊！”帕布罗·卡萨尔斯曾经这样说。

回想帕布罗·卡萨尔斯25岁时，第一次登上音乐会的舞台，却用一把大提琴将巴赫的6首组曲演奏得绚丽生动，充满活力，让所有聆听者从中领会到了无限美感，他被公认为“大提琴史上的帕格尼尼”。

尽管时间流逝，帕布罗·卡萨尔斯已变得年迈苍老，每天早上都需要先用音乐来激起自己的精气神，但是他坚持的仍然是这两件事：享受音乐，享受大自然。

是的，人生最大的快乐之一就是做自己爱做的事。只是依从本心，想做，喜欢做，不追逐金钱权势的光环，甚至不在乎输赢结果。相反，人生最大的浪费则是将时间花在那些自己不喜欢的事情上，明明一看到、一沾手就感到厌恶不已，却还强忍着不悦去逼迫自己，又怎么可能做得好？

唯有热爱，方能激发我们潜藏的能量，即使最终没有迸发出万丈光芒，但至少我们收获了愉快、自在。

如果设定了目标，就全力以赴

成功二字说起来容易，做起来难。这个困难，不仅源于种种外在因素的牵制，更在于人自身多方面的素质，其中之一就是“努力”。

成功者无疑是努力的，但失败者难道就不曾付出汗水吗？胜利的光环最终会笼罩在谁的头顶，关键就看谁更努力罢了。

不要尽力而为，要全力以赴！当我们真的拼尽全力去完成目标的时候，成功便不再遥远了。

1975 年，一部讲述拳手的电影《洛奇》如同一匹黑马横空出世，赚取了 2 亿多美元的票房收入，并一举赢得了当年的奥斯卡最佳影片奖、最佳导演奖，以及最佳男主角、最佳剧本的提名。它让席维斯·史泰龙这个名字一夜之间传遍了美国好莱坞，闯入众多影迷的眼帘。

29 岁的史泰龙一举成名，完成了自己多年来“拍电影、当明星”的梦想。也许有的人会认为这是他运气好，但如果我们知道史泰龙是如何让这个自己撰写的故事搬上荧幕的，想必就没有人会质疑史泰龙的努力了。

1946年7月6日，史泰龙出生于美国纽约，由于父母的工作原因，他被托付给别人照顾，这让他逐渐依赖上了漫画书。也许是这个孩子心中早早就有了一个英雄梦，也许是生性淘气，史泰龙常常模仿书里的英雄，以至先后跌断了11根骨头。而这种模仿并没有让他顺利成为“英雄”，反而成了他人眼中调皮捣蛋的孩子，导致他一共被14所学校开除。

史泰龙立下以表演为终生追求的志愿，是在他求学于瑞士的美国学院表演系时。期间，由他创作的《推销员之死》在学校的表演活动里备受好评。受到鼓舞的他从此开始全力追逐自己的梦想。

刚来到纽约时，史泰龙一度过着穷困潦倒的生活。为了支付房租，他干过各种各样的工作。工作变来变去，唯一没变的就是写剧本。可就算他是如此努力，还是连一件像样的西服都买不起。

直到有一次，他无意观看了拳王阿里和一个小拳手的比赛。那个籍籍无名却与拳王苦斗了15个回合的小拳手激发了他的灵感，于是接下来的三天，他伏案写下了拳手洛奇的故事。

然而故事虽好，想将它推上银屏却不是那么容易的。虽然当时好莱坞的电影公司多达500家，可是谁会看上这个剧本，成全这个完全没有名气的年轻人呢?

对于这个答案，史泰龙当然不知道。思来想去，他选择了“最笨”的做法：他沿着街道一遍遍地观察这些公司，根据路线认真制订了一份名单，然后按顺序一一去拜访。

第一轮拜访，失败了，没有一家公司愿意聘请他。

第二轮拜访，还是失败。

第三轮，结果照旧。

皇天不负有心人，在第四次拜访到第 350 家公司的时候，史泰龙的剧本被欣赏他的坚持的老板留了下来。几天后，史泰龙得到出演自己所写剧本的机会，这也正是使得他的人生实现华丽转身的机会。

在成功之前，史泰龙四次依序拜访电影公司，加起来就是 1800 多次努力，结果都只得到拒绝。对于一般人来说，多半会觉得自己已经够努力了，又或者会对自己产生怀疑，认为这个剧本不好，认为自己不适合干这一行，不管怎样，好像都可以选择放弃了。

但是史泰龙依然在咬牙坚持。当时支撑他的力量是心中全力完成目标的信念，而那家电影公司老板之所以愿意给出机会，何尝不是被这种全力以赴的精神感动呢?

人的潜能其实是不可估量的，如果抱着全力以赴、一定要完成的决心，那么我们会发现自己拥有超过预想的力量。相反，如果一开始就在心里有“我会尽力，完成不了就算了”的想法，那么即使完成了目标，也一定没有做到最好。

世界著名游泳健将弗洛伦丝·查德威克在 1950 年成功横渡英吉利海峡，因为她是第一个完成此创举的女性，故而闻名于世。

1952 年，弗洛伦丝·查德威克希望再创一项纪录，她的计划是从卡德林那岛出发，游到加利福尼亚的海滩。

为了完成目标，那天，弗洛伦丝·查德威克努力游了近16小时。因为长时间泡在冰冷刺骨的海水里，她已经被冻得嘴唇发紫。

这时候，筋疲力尽的弗洛伦丝·查德威克还没有看到终点，可她觉得自己几乎连再划动一下的力气都没有了。于是她跟陪游的小艇上的人说："算了，把我拉上去吧！"

坐在小艇上的教练和她的父亲鼓励她说："再坚持一下，马上就到了，只剩1英里了！"

然而由于海面上弥漫的浓雾遮挡了弗洛伦丝·查德威克的视线，使她觉得教练和父亲的话纯粹是一种鼓励罢了，并不可信。她试着划了几下后，感觉自己实在已经尽力了，还是不要强求，下次再说吧。教练和父亲再次劝说，弗洛伦丝·查德威克仍不相信，坚持上了小艇。

结果小艇向前开去，不过一盏茶的工夫就穿越迷雾，驶上了海滩。望着海滩上那些等着向自己欢呼鼓掌的人群，弗洛伦丝·查德威克懊悔不已，原来只要自己再努力一点儿，就能超越那短短1英里，迈向成功。

很多时候，成功和失败二者之间的距离并不遥远，只在于再多一点儿努力，再多一次努力。所以一旦确立了目标，就全力前进吧，不要给自己留下差一点儿努力就能成功的遗憾。

内心强大者的10个特征，你有几个

有1000个成功者，就有1000种成功的模式，不过他们必然拥有一个共同的特点——内心强大。

在前往梦想的征途中，只有内心强大的人才能跨越一重又一重阻碍，迈过一道又一道沟坎，不软弱，不怯懦，不惧跌倒，并勇敢地重新奋起，最终抵达成功的彼岸。

那么内心强大者究竟有哪些一般人没有的特征呢？渴望成功，渴望实现理想的我们又该从何处开始超越自我之旅呢？

一、能了解自己，真心接受自己

内心强大的人总是能诚实地面对自己，他们常常与自己对话，反思自己的成败得失。无论善恶美丑，长短优劣，他们尽量了解自己的方方面面，并从中梳理出自己的真正需求，在待人处事中去扬长避短。

一个人喜爱自己，才能赢得他人的喜爱。接受自己本来的样子，包括那些缺点。只有了解自我，接受自我，才能改变自我，超越自我。

二、执着于目标，但并不固执己见

对于自己的梦想和要实现的目标，内心强大者总是保持着坚定的信念，不轻易因挫折而改变，也不被周围的舆论所影响。他们坚持自己的想法，不会左摇右摆，三心二意。不过如果这些想法被他人或事实证明的确存在不足，甚至根本是错误的时候，他们也不会固执己见，为了面子而将错就错下去，会灵活变通，适时做出调整。

三、不骄不躁，不气馁

内心强大者是稳重而自持的。在困境面前，他们保持冷静，不气馁，不放弃。即使一时因受到打击而痛苦，他们也坚信“上帝关上了一扇门，必然会为你打开另一扇窗”。

同样，在顺境面前，他们也能保持冷静，不会被一时的胜利冲昏头脑，沾沾自喜，骄傲自大。因为他们明了，成功只是暂时的，人生是一座座连绵的高峰，需要不断去攀登。

四、敢于直面内心恐惧

恐惧是一种自然的心理现象，总是以不同的面貌出现在我们的周围，可以说它是生命的一部分，没有人可以回避。恐惧令人不安、惊慌、沮丧、歇斯底里，如果不能及时消除它带来的负面影响，别说成功了，就连自己的性情和生活都会变得糟糕。

即使是拥有强大精神意志的人，也会遭遇恐惧。不同的是，他们懂得调控情绪，不会因恐惧而一味逃避或否定自己，他们会尝试用各种方法去克服恐惧，消除恐惧的不良影响，重获内心的平静和安宁。

五、谅解他人的过错，也原谅自己的失误

没有人是永远正确的，无论他人或自己，总有缺点和不足，会受到不良情绪的影响，会做出错误的决定。然而要相信，没有人是希望犯错的，即使做错事情的人表现得多么理直气壮，他的内心也必然充满了懊悔和自责。将心比心，学会理解和原谅他人的过错，将错误的事纠正，但不要对犯错的人揪住不放，这是一种智慧。

同样的，对待自己亦应如此。要原谅自己的失误，这并非是对自己的一种放纵，而是及时放下，不一直沦陷于自责的情绪中，以更好的心态重新出发。

当内心的力量足够强大时，我们就能够正视这一切，不再对他人的过错计较不休，或对自己的失误耿耿于怀。

六、为自己点赞，也能为他人的成功喝彩

内心强大的人无疑也是拥有宽广胸怀的人，他们从不吝啬将肯定和赞美送给其他人，包括对手。因为他们相信他人的成就并不会削弱自己的光环。

为自己点赞的同时，也为他人的成功送去喝彩的掌声，这样做并不表示自己是弱者或是败将，而是一种为人处事的气度，是胸襟宽广的表现。也许在不经意间，便因此收获了友谊、尊重，赢得了更好的人际关系，从而为日后的成功争取到一个机会。当我们感觉到嫉妒感越来越少时，也就可以确定自己的内心正越来越强大了。

七、善于记忆，但也能适时忘记

内心强大是天生的吗？当然不是。要实现它，需要一个修炼的过程。

首先便是选择性记忆。

记住生命过程中那些美好的，对自己有益的事情，忘记那些糟糕的，带给自己负面影响的事情。记住自己的优点和成功，忘记失败与错误。记住他人的善意，给自己的帮助，忘记他人的缺点和不足……懂得取舍，将更多的目光用来关注生活中积极的、正能量的一切，也适时删除所有消极的、负能量的东西，人生才能轻松上阵。

八、保持知足，但从不满足

知足者方能常乐。内心强大的表现之一是知足，即对当下真实拥有的一切懂得珍惜，对他人的付出懂得感恩，从而也就减少了对他人的嫉妒与憎恨，增加了自己内心的愉悦。然而虽然要学会知足，却不要轻易感到满足，因为一个人若时时刻刻都觉得满足，也就丧失了继续追求的动力，这与不思进取无异。真正的成功者用知足让人生充满快乐，同时也用不满足让平庸的人生变得伟大。

九、懂得平衡感性与理性

感性和理性是互相矛盾的，感性注重自我的意愿，理性则更加注重事实的客观规律。有时候我们需要用理性来约束感性，否则一味被情绪控制，可能会导致冲动、消沉、易怒甚至疯狂等后果；但有时候，我们又需要感性带来的灵感和力量，尤其是在追求梦想的过程中，若没有感性思维激发的热情，很可能会因一时失败而放弃。

所谓精神意志坚强的人，其实是懂得平衡感性与理性的人，如果能让二者尽量达到和谐的状态，那么也就能做到情绪平稳地做出最好的选择。

十、自信，自信，自信

真正内心强大的人绝对是自信的。他们对自己充满信心，相信自己的能力，相信天生我材必有用，相信有志者事竟成。

自信的人不会试图掩盖自己的弱点，因为这种欲盖弥彰的行为，除了消减自我完善的努力之外，完全没有正面作用。他们正视它，改变它，克服它，将弱点转化为优势。

相信自己行，也就拥有了坚定的信念，拥有了更强的情绪恢复力，从而能够从容淡定地对待他人的评价，对待失败的打击。

不要拿先天禀赋做借口，后天努力更重要

上学的时候经常有一个疑问，为什么总看不见学霸学习，可他每次都考第一？在我们反复怀疑人生之后，早早地给出了结论：人家比我们聪明，天赋使然，无法追赶。直至我们长大，才发现有异禀之人可以说是凤毛麟角，比我们优秀人的一定是比我们努力的。

如今，主演过各大名导电影的女演员常常会被冠以“星女郎、谋女郎”的称号。这些女演员中有一位经历非常特别，她是一个来自河北省赤城镇宁堡乡东栅子村的女孩。在主演了张艺谋导演的原生态电影后，这个女孩开启了自己别样的传奇人生，她就是魏敏芝。

《一个都不能少》在国际上一炮打响后，作为本片的女主角，魏敏芝闯入了人们的视线。许多人都认为这位谋女郎在星途上不会像巩俐、章子怡那样走得太远，甚至许多导演都给魏

敏芝降过温，说她既不漂亮，身材也不好，不适合做演员。

人们讨论魏敏芝的颜值时，都认为如果不是张艺谋导演偶然起用了她，那么她永远也不可能成为公众视野中的焦点人物……注重外表的人们完全忽视了魏敏芝骨子里的那份倔强。面对大众的不以为然，这个来自乡村的小姑娘怯生生地对大家说："我从来没想当演员。"人们刚为她松了一口气，她又接着说："因为我想做导演。"

自此，魏敏芝带着坚定的信念，把电影当成了自己终生的事业。她自信能在电影圈里走出一条属于自己的路，她要证明给全世界看。就这样，在一片唏嘘声中，魏敏芝怀揣梦想欣然上路了。

高三时，她毅然报考了北京电影学院，可惜考试失利了。她在心里痛苦地拷问自己：难道没有上天赋予的漂亮脸蛋和傲人身材，就不能从事这一行业吗？我真的没有这个才能吗？但是，魏敏芝就像《一个也不能少》中的小老师一样，坚定地努力着，即便在最艰难的处境里，也绝不放弃希望。与北京电影学院失之交臂后，她毅然选择了西安外国语学院影视传播学院，将专业调整为"编导"。魏敏芝在校期间学习非常刻苦，如饥似渴地汲取着专业知识的养分。一个偶然的机会，魏敏芝邂逅了一位她的忠实影迷——美国夏威夷杨百翰大学教授、美籍华人陈尔岗，并在他的力荐下选择出国深造。

有一次，陈尔岗试探性地问魏敏芝，学成后有何打算。魏敏芝的回答铿锵有力："学成回国，专拍山里那些贫苦的孩子，让整个社会关注和帮助他们。"陈尔岗受到了极大的触动。

在美国学习是艰苦的，魏敏芝非常努力，她取得的每一点进步无不浸透着汗水。最终，经过两年的努力，刻苦而聪慧的魏敏芝在杨百翰大学脱颖而出，并且，她还争取到了全额奖学金。

在杨百翰大学求学期间，魏敏芝异常活跃，她对自己说：“我要在世界的高等学府里证明自己的强悍！”通过竞争，她获得了校内电视台副导演的职位。同时，她还将校内的中国留学生组织到一起，成立了首届中国同学会，并担任学生会主席一职。每隔一周，魏敏芝都要放映一部中国电影，向全校师生展示中国文化的魅力。此外，她还加入了学校的合唱团，当上了合唱团的副导演。在异国的土地上，魏敏芝的才情得到了淋漓尽致的发挥。

不久，崭露头角的魏敏芝受到了美国一家影视公司老板的关注，邀请她执导电影《母亲的心愿》。该影片不仅由她独立执导，还由她担任主演。凭此片，魏敏芝收到了科威特中国电影周的邀请，成为第一位在海湾地区亮相的中国演员，还获得了科威特文委最高奖。

《传习录》中有一句话：“心要逐物，如何则可？”意思是我们的心想要去追求外面的事物，应该做些什么？王阳明针对这句问话给出了很多解释，追根究底就是一个意思：凡事亲力亲为，只要努力，没有完成不了的目标。

美国南加州巴沙迪那市的一个小区里，一场热闹的生日聚会正在进行，美籍华人王丽带着只有2岁的儿子余俊成参加了这个热闹的活动。聚会过程中，不知道是谁弹起了钢琴，优美的旋律让所有人都跟着鼓掌叫好，有的人甚至翩翩起舞。此时，小俊成突然爬到了钢琴上，小手敲打着键盘，居然弹出了旋律。所有人都惊呼，这孩子了不起，将来肯定会是个音乐神童。

王丽也是又惊又喜，从那以后开始致力于对余俊成音乐方面的培养。她给孩子请来了当地最好的钢琴老师，可是小俊成毕竟还年幼，弹了一会儿就不愿再待在钢琴边。为了培养小俊成的兴趣，王丽特意每天准备美味的点心，邀请邻居小朋友来做客，让小俊成表演给小伙伴们听。小孩子总是喜欢热闹的，王丽的办法很管用。就这样，小俊成慢慢培养起了弹钢琴的兴趣。

小俊成在钢琴的陪伴下一天天长大，7 岁就开了个人演奏会，这引得当地媒体纷纷以“音乐小神童”为主题来宣传这个小男孩的事迹。王丽却并没有为此而沾沾自喜，她觉得在弹钢琴方面，所谓“神童”其实只是一个光环，而踏踏实实的努力才是儿子将来成功的保障。

2007 年，小俊成终于见到了自己的偶像——钢琴家郎朗。在得知小俊成的成长经历之后，朗朗把自己每天辛苦练琴超过十几个小时的心得传授给了小俊成。郎朗的话像是为小俊成打开了另一个世界的大门，他开始意识到世界很大，其实自己才仅仅走了一小步而已。

时光荏苒，昔日的“神童”一天天长大，成了 17 岁的小伙子，就读于美国华盛顿大学音乐学院。他在一次获奖感言中说：“我热爱音乐，我为了这个心中的理想一直努力着，我觉得努力远远比天分重要。虽然这一路并不轻松，甚至比一般人的道路更为崎岖艰难，但是只要有音乐，我就很快乐。”

白居易在《醉酒》一诗中写道：“谁道人生无再少，门前流水尚能西。”白居易认为一切看似不可能，其实都是有可能实现的，诗句间传达出的是诗人积极向上的人生态度。我们不要妄自菲薄，更不要将缺少某种天赋作为自己不努力的借口，实际上，只要我们够努力，我们也可能是那个别人羡慕的有先天禀赋的人。

知道怎样工作，还要知道为什么工作

杨述奎先生曾说过："如果工作仅仅是为了物质回报，那么人类历史上就不会有艺术等非物质财富存在了。"

除了通过工作获得金钱方面的回报，我们还要知道如何在工作中寻找到乐趣，并且能明确认知自己为什么工作，这样才能使我们的人生变得更加有意义。

两位推销员上门推销吸尘器，接待他们的主妇那天心情不好，在交谈中，她浑然忘了推销员的身份，而是像面对心理医生一样诉说自己的烦恼。其中一位推销员在倾听的过程中始终微笑，另一位觉得无趣，悄悄离去。

半晌后，主妇才从负面情绪中走出来，并意识到自己耽误了推销员太多时间。出于抱歉，她买下了一台她暂时并不需要的吸尘器。

后来，走掉的那位推销员对这位推销员说："你真行，肯听一个不认识的女人啰嗦一个小时。"这位推销员笑着说："我的目标是卖吸尘器，我觉得如果听她说话可以完成我的目标，那么就当这是咱们工作的一部分好啦。”

工作看似简单，但是怎么工作，如何把工作做好，其中蕴含着无穷的道理。掌握其一，就能使工作事半功倍；反之，则可能费力不讨好，浪费了宝贵的时间，最终得不到想要的结局。

明代思想家王阳明26岁时住在京师，他打算做好充足的准备以迎接下一次科举考试。当时，明朝边境因为遭受外邦的侵袭，而朝廷上下又缺少有实力的武将迎战，以至边境动荡不安。面对此种情形，打算参加科举考试的人无不纷纷苦练骑射，想趁此机会以武力取胜，得到朝廷的青睐。王阳明却认为朝廷只是一时缺少武将，但是如果自己把整个身心都用在习武之上，那么胜算的机会显然不是很大。一番思量后，他决定反其道而行之，放弃习武，开始练习兵法。

当时习武之人都略通兵法战略，于是大家都觉得王阳明是多此一举，对他百般嘲笑。王阳明却集中精力，认真研习，最后终于凭借他研究出的兵法心得——“此心不动，随机而行”——而在科举考试中脱颖而出。

王阳明的事例告诉我们，工作不是上指下派的一种盲从，而是要求我们要在工作中明确目标，知道自己到底要做什么，想要得到什么结果。只有目的明确，我们才会少走弯路，从而获得自己想要的结果。

一个年轻人在一家地下仓库做搬运工，枯燥的工作、恶劣的工作环境让他厌倦不已，可迫于生计又无法辞职，便去请教禅师。

年轻人说："这份工作脏、乱、累，又得不到别人的看重，我真的不想再做下去了，可我没有资金自己做老板，又没有一技之长换一份轻松有趣的工作，我该怎么办啊？"

禅师说："你为什么如此看不起你的工作呢？"

"不是我看不起，是它本来就是这种状况啊。"年轻人无奈地说。

禅师把他带到一处杂草丛生的荒地旁，指着一朵开得正艳的花说："它的环境如何？"

年轻人环顾四周，说："这里太偏僻，又太乱，遍地都是杂草，要不然会有许多花儿。"

禅师笑了："在这样恶劣的环境下，这朵花依然努力生长、绽放，丝毫不受外界的影响。它迎风起舞，快乐怡然，可你却抱怨工作上的各种不顺心。你有没有像这朵花一样看重自己的工作，不受外物的缠绕，努力寻求绽放，从而获得别人的看重呢？"

听完禅师的这番话，年轻人羞愧地低下了头。回去后，他开始认真对待自己的工作，把自己负责的片区整理得井井有条，并分门别类，让一切货品一目了然。就这样，他一改往日消极的工作态度，变得积极、主动、乐观。半年后，他被提升为物资经理。几年后，这个年轻人自己开了一家物流公司，做了老板。

轻视工作，无疑是在轻视自己。我们对待工作所显示出的把控能力会影响他人对我们整个人的判断。

20 世纪 70 年代的时候，庄启传只是丽水五七化工厂的一名普通工人，每天在枯燥的车间里埋头干活。他对待工作认真、积极、负责，从不抱怨，凭借自身的踏实、稳重，被提拔为厂里的供销员。虽然只是一次小小的提升，庄启传却因此在工作上变得更加努力、认真，之后很快便晋升为供销科长。

每当回忆起这段经历，庄启传都笑着感慨："若没有那段时间的磨练，让我迅速成长，我不会有今天的成就。"1993 年 12 月，化工厂实现改制，庄启传凭借丰富的工作经验、认真的态度以及在工人们中的威信，被民主选举为浙江纳爱斯化工股份有限公司董事长兼总经理，带领纳爱斯集团所有人让企业更上一层楼。

正是庄启传认真对待每一份工作，并且深知自己为了什么工作，把成长看得比成功更重要，打好基础，把握机遇，当机会来临时，才能一举成功，达到自己梦想的彼岸。

印度诗人泰戈尔在《人生的亲证》一书中写道："我们的工作日不是我们的欢乐日——因此我们要求有节日，我们在自己的工作中不能找到节日，这是因为我们没让自己解放，因为我们没有愉快地、完全地将自己献身于工作，以致让我们的工作压倒了自己。"

倒掉鞋里的沙子，才能走得更远

如果说成功是一条山重水复、难关重重的长路，那么选择一双适合长途跋涉的鞋，让自己能够轻松上阵，显然是至关重要的。然而倘若因为鞋里的沙子而减缓甚至停止了自己的脚步，就实在令人扼腕叹息。偏偏很多人总是一味殚精竭虑地为自己设定成功的目标，计划行进的线路，却独独忘记了弯腰去倒掉鞋里的沙砾。

不要怕那一弯腰浪费了你的时间，因为只有倒掉鞋里的沙子，我们才能走得更远。

陈宏刚，一个创业怪人，他在1987年赴美留学，取得博士学位以后就一直在微软工作。微软给了他太多太多，无论是物质上的还是精神上的。然而在毫无征兆的情况，陈宏刚离开了微软，递交辞职信时他给出的原因是：我要创业。

那年夏天，就任重庆宏信软件有限责任公司总裁的陈宏刚到国家某部委去为领导们演示公司的第一个产品——一款儿童益智游戏软件。几位领导的注意力却不在此，他们更好奇的是：“你为什么会离开微软？为什么会去重庆？这个公司给你多少股份？没有股份你为什么还要去？微软那么好，你怎么会离开，难道你犯了什么重大错误？”陈宏刚的回答软中带硬，他说：“不要再问我微软，我觉得人生的每一次创业都应该学会忘记，让我从零开始，我才能走得更远。”

是的，任何时候，陈宏刚都承认微软的工作确实舒适安定，自己的事业也正蒸蒸日上，放弃微软，只不过是为了更好地成就自己，而非其他。

早年间，陈宏刚虽然学的是理科，但他从小喜欢历史。他在床头贴着一幅字：“匈奴未灭，何以家为？”

20多年以后，陈宏刚访问各高校，在给同学们做讲座时，引用了数十个历史典故。很多学生惊异不已，问他：“您的专业是历史吗？”陈宏刚回答：“我不是学历史的，可我心里有一颗保家卫国的侠士之心。”

陈宏刚经常会接到想要回国的朋友的电话，向他咨询国内发展的机会怎么样，陈宏刚会告诉对方：这完全取决于自己的心态。对于很多“海龟”来说，忘掉过去、融入环境尤其重要。

“刚回国时，因为人手少，我们几乎什么都干。包括李开复也是如此。”陈宏刚说。对外联络，招聘面试，发言时自己写稿子，外出访问时自己扛资料。有的人为陈宏刚不值，说他放弃微软的优渥条件，现在做这些简直是自讨苦吃。陈宏刚却觉得现在是给自己创业，在微软是给别人打工，不能同日而语。如果总把微软的好记在心头，那么自己肯定会一事无成。

一次，在某大学访问时，陈宏刚发现担任学生技术俱乐部主席的同学显然把自己当成了领导，其他同学都在搬桌子，他却袖手旁观。陈宏刚语重心长地告诉他："俱乐部的主席不是领导，你做了这个主席，意味着你要为大家服务。如果你始终忘不掉自己的身份，那么你就是在给自己增加障碍，长此以往，你的未来也不会有大的发展。"

就这样，陈宏刚的公司从最初 3 个人开始，发展到后来的将近 100 人。"要学会做配角"是陈宏刚的创业理念。他说，大概是我们传统文化中"官本位"的思想影响深远，很多人包括软件工程师做软件开发做不了几年，就想着做管理，想着要管人。"IT 行业已经告别了个人英雄主义时代，你们必须要忘了自己的价值，充分融入到团队中来，才能做得更好。"

过河时，船是有用的，但过河后，我们就要放下船赶路，否则船就会成为我们的包袱。痛苦、后悔、寂寞、失落、遗憾，这些对人生都是有用的，它们能使生命得到升华，但须臾不忘，就成了人生的包袱。

在一个收视率很高的选秀节目上，一个叫高逸峰的男人走上台来，他的气质和风度让所有人都对他的职业产生了各种猜想，有人说是大老板，有人说是富豪，甚至有人说他是艺术家。尤其当主持人播放了高逸峰早年登上央视春晚的视频之后，人们更加觉得这个男人大有来头。

之后，主持人请男人的妻子上台。那是一个身材颀长、清秀优雅的女子，她将谜底揭开。原来高逸峰曾经是资产上千万的老板，出入有保镖、助理相随，可谓春风得意。然而最终因为心理膨胀，再加上管理不善，这个男人从富翁的云端跌落了下来，现在以在街边卖包子为生。

观众们听得是啧啧感叹，唯有男人仍旧不卑不亢。就在所有人都在感叹他现在的式微之际，他开口了，说："我觉得现在的我和当初的我没有任何分别，身份都是老板，也同样是在赚钱，只不过从前赚的多些，现在少一些，仅此而已。如果我不能忘掉昨天的辉煌，整日耿耿于怀，伤感纠结，那么我肯定也不会有今天。虽然暂时我只开了一个小小的包子铺，可我坚信，我仍然能够把生意做大做强，将来仍旧会拥有 1000 万。"现场顿时掌声如雷。

用世俗的眼光来看，高逸峰输了。但用理智的心态来看，他赢了，因为他战胜了自己。一个男人如果能够不让过去的辉煌成为今日的伤痛，选择轻装上阵，有重头再来的信心和勇气，那么我们有理由相信他距离成功一定不遥远。

很多时候，使我们疲劳的不是远方的高山，阻挡我们前行的也并非路途的坎坷，最终让我们举步维艰的可能仅仅是我们鞋里的一粒沙子。放下背上的包袱，倒掉鞋子里的沙子，我们才能继续赶路，也才可能走得更远。

Part 03

不给自己设限，人生才有更多可能

人生的无限可能，从来不在别处，

只在我们自身。

要知道，

隐藏在我们身上的能量从来不比任何人少，

所以与其羡慕他人，不如做好自己。

超越自己，让自己闪光！

勇于归零，才有力气向前迈出一大步

世间最令人扼腕与动容的词语莫过于“从头再来”，简简单单四个字，凝聚了许多坎坷，太多风雨。转换角度想想，将一切归零，选择重新起航，不得不说是一种勇敢。当我们敢于将一切归零，人生才会有更多的可能。

1944年，在贵州安顺地区镇宁县一个贫困山区的小村庄，一个小男孩呱呱坠地。

男孩的父母是乡村中学教师，家中还有兄妹6人，这个家庭十分清贫，好在父母对知识十分重视，即使在三年自然灾害时期，男孩仍旧得到了读书的机会。

时光流逝，大学毕业后的男孩当上了建筑兵。1983年，随着国家改变建制，撤销基建工程兵，男人从部队以团副的身份转业，来到成为改革试验田的广东深圳，在当时深圳一家国企担任副总经理。当时的社会流行一句话，“楼上落下一块砖，砸到十个人会有八个是经理。”因此，任正非这个副总经理并没有引起大家的重视。

原本生意做得顺风顺水，不料任正非在一笔生意中被人坑了，导致公司 200 多万货款收不回来。那时，内地城市月平均工资不到 100 元。在这种情况下，任正非造成的损失使得他再也无法端着国企的铁饭碗，安逸的日子似乎已经到了头。人到中年的任正非陷入迷茫之中。

没想到，屋漏偏逢连夜雨，任正非的家庭也出现了危机，结婚多年的妻子与他离了婚，完整的家庭顷刻间分崩离析。

此时的任正非下有一儿一女要抚养，上有退休的老父老母要赡养，还要兼顾 6 个兄妹的生活，前行之路无限的昏暗。

1987 年，任正非以 2.4 万元资本注册了华为技术有限公司，成为香港康力公司的 HAX 模拟交换机的代理。

凭借特区信息方面的优势，当时的任正非做的无非是从香港进口产品到内地，以赚取差价。在卖设备的过程中，他看到了中国电信行业对程控交换机的渴望，同时也看到整个市场被内地以外的公司所把持。当时大陆使用的所有的通信设备几乎都依赖进口，内地企业在这块市场上完全没有立足之地。43 岁的任正非在这个时候突然表现出了极高的商业天赋，他决定自己做研发。

多年以后，一个响当当的品牌“华为”就此产生，甚至有人预言华为将来很有可能取代苹果。而华为的老总正是任正非，他多年坚持与打拼才创立并壮大了华为。

现在让我们重新回顾任正非的人生。44 岁的时候被骗了 200 万，被国企除名，求留任遭拒，背负 200 万债务。和老婆离婚，他一个人带着父母和兄妹住在深圳棚屋，没有资本，没有人脉，没有资源，没有技术，没有市场经验。如果事情到此戛然而止，那么这个男人无非就是街坊中芸芸众生中的一员。可谁都没想到，27 年后，任正非却成功逆袭，创建了华为，并使这个企业壮大成为通讯行业的龙头老大。

这样的人生，如果不是任正非敢于将一切归零，选择从头再来，那么也许他就不会有今天巨大的成功。

美国有一个家喻户晓的名字叫作约翰·乔纳森。约翰·乔纳森并没有过人的才华，也没有做出什么惊天动地的大事，却成了全美国人心目中最优秀的青少年楷模之一。这究竟是为什么呢?

乔纳森 18 岁读高中时，有一天，他独自在父亲的农场里干活。当他在操作机器时，因为操作失误，不慎在冰上滑倒了。他的衣袖被绞进机器里，两个手臂被机器切断了。乔纳森忍着剧痛跑了 400 米来到一座房子面前，他用牙齿打开门闩，爬到了电话机旁边，用嘴咬住一支铅笔，一下一下地按下表兄的电话。表兄接到电话后，马上通知医院去救治。

乔纳森接受了断肢再植手术，一个半月以后，出院回到了家里。半年以后，他已能微微抬起手臂，并能够回到学校上课了。

家人和朋友怕乔纳森不能接受现实，纷纷安慰他。邻居们也在背后窃窃私语，“乔纳森好可怜啊，怎么会遇到这么倒霉的事？”人们觉得从前那么阳光开朗的一个男孩子，以后恐怕什么都做不了了。

可让所有人意想不到的是，乔纳森重新站了起来，他不但学习优异，还参加了学校的各种社团。

当有人问他："乔纳森，你现在这个样子可有觉得不便吗？"

乔纳森笑嘻嘻地说："有啊，我新改造的手臂看起来更像钢铁侠。"

美国人为什么喜欢乔纳森呢？人们除了佩服他的勇气和忍耐力，还有他遇事时的冷静沉着。最主要的是，面对断臂他没有心灰意冷，也没有就此自暴自弃，而是将曾经的苦难过往全部归零，用崭新的角度重新审视自己，并且接纳自己，最终他赢得了美好的生活。

"姑苏城外寒山寺，夜半钟声到客船"。这句诗中的寒山寺是一座名寺，坐落在苏州。寒山寺曾经住着一位年老的僧人，这位僧人大有来头，他的父辈曾经是苏州城里最大的富户。僧人年轻的时候提笼架鸟，活得好不悠哉。没想到，一次突然的变故使得他家境败落。之后，他入了寒山寺进行修行，成了一名僧人。

一天，一位老友来拜访僧人，劝说他还俗继续振兴家业，并且表示自己愿意资助他。面对友人的好意，僧人不置一词。吃饭时，僧人只配一道咸菜。

老友忍不住问他："这样不会太咸吗？"

老僧回答道："咸有咸的味道。"

吃完饭后，僧人倒了一杯白开水喝。

老友又问："白水过于平淡了吧？没有茶叶吗？怎么喝这么淡的开水？"

僧人笑着说："白水虽淡，可是淡也有淡的味道。"

老友急了，追问道："我的提议你想好了没有？"

僧人笑着说："我以为经过刚才那一餐饭食，你已经知道了答案。”

老友颔首，告辞而去。

老友回家，众人问起僧人，老友叹息：“他将来肯定会成为一个得道高僧，因为他已经不是从前的他了。他一心想从头开始，我们就不要再去打扰他了。”多年以后，僧人成为寒山寺的住持。

人生总有风风雨雨，生活中难免暗流涌动，浮礁丛生。原本舒适的生活、顺遂的事业瞬间就可能崩塌瓦解。作为芸芸众生中的一员，我们终归要学会不强求，不给自己设限，勇于接受不能接受的，磨砺自己，选择重新出发。

人生最大的挑战是如何战胜自己

西兰帕曾经说过："所有胜利的第一条件是要战胜自己。"

在多元化、快节奏的今天，压力难免越来越大。有的时候，你的内心是否充满抱怨、不满、牢骚，仿佛全世界人都在与你为敌？当事情过去以后，回首来处，你才会发现，之所以战胜了困境，是因为首先战胜了自己。

战胜自己，说着非常容易，然而想要落实到行动上却颇为艰难，因为我们每个人都有记忆与情感。曾经的伤痛或者不快就像是深深留在心底的烙印，很难除去。所以当我们要对未来发起挑战时，首先要安抚我们的内心，并问自己是否已经准备妥当，以应对无限的可能。

特蕾莎修女是世界著名的天主教慈善工作者，主要替印度加尔各答的穷人服务。因其一生致力于解除贫困，于 1979 年获得诺贝尔和平奖。

一次，当修道院的修女玛莎做完弥撒时，特蕾莎修女留住了她，问她为什么最近没有了往日的欢声笑语，显得那么不开心，尤其在对待穷人的时候，也少了很多耐心。

玛莎对特蕾莎修女谈起了自己的心结，她觉得人世间诸多的困难挫折让人心生畏惧，干什么都感觉提不起精神。

特蕾莎修女对玛莎说："其实世上的艰难困苦的确俯拾皆是，但也会转瞬即逝。之所以畏惧，是因为在内心锁住了这些苦难，并将它们放大。而我们的工作与责任就是让人们平复心情，走出困境，并战胜自己，增添些许快乐。如果连你自己都深陷其中，又怎么可以照拂别人呢？"

为此，特蕾莎修女给了玛莎一个月的假期，要她什么都不必做，只是无尽地反思，直至走出内心的困境。

一个月以后，特蕾莎修女给了玛莎一个任务，要她和新来的修女乘飞机去纽约。飞机起飞前发生了故障，被迫停飞。当时，玛莎感到沮丧，因为与玛莎同行的修女竟然不敢乘坐飞机，怕遭遇事故。

玛莎看着吓得瑟瑟发抖的小修女，想起了特蕾莎修女曾说过的话，便对小修女说道："嗨，想知道第一架飞机是如何被驾驶员开上天空的吗？"

小修女摇了摇头。

玛莎笑着说："他要是像你现在这个样子，我想我们现在的交通工具肯定还只有火车和汽车，飞机根本不会存在。"

小修女听完，果然镇静了许多，勇敢地朝着飞机舱门走去。

战胜自己首先就要学会直面恐惧。很多时候，我们所畏惧的不见得是对未来的一无所知，而根本就是对还没发生的事情杞人忧天。与其被未知的东西干扰内心，不如战胜内心的恐惧，勇往直前，向着明天微笑前进。

哲学家康德可以说在战胜自己方面是十分成功的。

康德年轻的时候家境非常优渥，加上家人的悉心培养，他成了一名名副其实的绅士。康德有一个贴身的仆人名叫兰佩，康德视他为兄弟，对他十分信任，两个人感情颇深。

后来，康德继承了诺大的家业，紧接着，怪事出现了。家中的珍贵古玩珠宝经常不翼而飞，根本查不出是什么人偷的。偷盗事件时有发生，最后康德决定报警。

仆人兰佩对康德说："要是报警，会不会损害了咱们这个家族的名声？"

康德则觉得虽然丢东西是小事，但是身边隐藏着一个小偷，会让人失去安全感，所以坚持要报警。

随着警察的深入调查，最终嫌疑人锁定在了兰佩身上。兰佩没有办法，只好说出了实情。原来兰佩迷上了赌博，他那点儿薪水很快全投进了赌桌。没办法，他只好把手伸向了这个家。最终，兰佩被依法惩处。兰佩被抓捕的那一天，康德将自己锁在屋子里，一天都没有吃东西。大家都很担心康德，管家甚至怕康德会做出傻事，整夜都守在门外。

天亮了，康德若无其事地走了出来。他身后的桌子上放着一张纸，上面写着："我坚信，从今天起，我会忘掉谁是兰佩，忘掉他对我的伤害。我如果因为他而生气难过，就是对自己无尽的惩罚。"

康德说到做到，仅仅一天的时间，他又开始了欢笑，走出了兰佩带给自己的阴霾。

《小窗幽记》中有这样一句话："剖去胸中荆棘，是天下第一快活世界。”所谓胸中荆棘，其实就是我们内心难以战胜的那一部分，这是我们为自己设下的藩篱。闯过去，自然云淡风轻；深陷其中，就会感觉再也无所作为。

有位信徒问无德禅师：“同样一颗心，为什么有的时候会被其他事情干扰，而难以凝神静气？”

禅师并未直接作答，而是告诉信徒说：“请你将眼睛闭起来，默造一座城垣。”

于是信徒闭目冥思，在心中构想了一座城垣。信徒说：“城垣造完了。”

禅师说：“请你再闭眼默造一根毫毛。”

信徒又照样在心中造了一根毫毛。信徒说：“毫毛造完了。”

禅师问：“当你造城垣时，是只用你一个人的心去造，还是借用别人的心共同去造呢？”

信徒回答：“只用我一个人的心去造。”

禅师问：“当你造毫毛时，是用你全部的心去造，还是有他人在帮你呢？”

信徒回答：“用我全部的心去造。”

禅师于是就对信徒开示：“你造一座大的城垣只用一颗心，造一根小的毫毛，还是用一颗心，可见外人于我们内心的建树起不了一丝一毫的作用，那么我们平日里还被他们困扰，岂不是自寻烦恼！”

著名佛学大师圣严法师说：“有德即是福，无嗔即无祸，心宽寿自延，量大智自裕。”这是一种人生大智慧。心灵的智慧是无穷无尽的，只有解除心中的隔阂，增强自己内心的宽度和长度，才能放下一切障碍，战胜自己。

人生的痛苦不是失败，而是从未尝试

曾几何时，回望来路，我们一次次在内心懊恼。

如果……当初……假如……

忘情水不会有，后悔药更是来自远古的传说，与其让我们在痛苦中虚度光阴，不如勇敢接受失败。人生最大的痛苦不是失败，而是我们从未尝试过。

艾利克斯是美国一家电子公司的老板，他在还不到 30 岁时便设计了一款游戏软件，并且销量喜人。很快，艾利克斯就收获了人生的第一桶金。

然而世事难料，几年后，艾利克斯的公司因为遭遇经济危机而破产。曾经意气风发的艾利克斯承受不了这种心理压力，开始变得非常消极和沮丧，再也不是从前那个阳光向上的有为青年。

家人看着艾利克斯憔悴的样子，既伤心又无奈。他们一遍又一遍地对艾利克斯说："你只是生意失败了，并不是人生失败。你还年轻，还有很长的未来。你不如重新开始设计软件，东山再起。”

艾利克斯的回答是：“我已经没有了当年的好运气，我再也开发不出好的游戏软件了。”

虽然艾利克斯如此回答，但是家人的话还是在他的心中起到了一定的作用。夜晚，艾利克斯对着电脑尝试研发新的软件，可他每操作到一半时都会否定自己的设想，觉得根本不行，这么垃圾的东西，没人会喜欢的。就这样，他最终还是选择了放弃。

从此以后，酒馆里多了一个醉鬼。艾利克斯每天流连在酒馆里，醉生梦死。很偶然的一次机会，他看到一个年轻人对着电脑玩了整个下午。好奇心驱使他走了过去，他发现年轻人在玩一款游戏。

见艾利克斯好奇，年轻人一边玩一边说：“现在这个游戏是最流行的，已经风靡了全美国，真不知道是谁设计出来的，好有趣。”

艾利克斯看着电脑，呆若木鸡，然后突然狠狠地摔了酒杯，放声大哭。原来这款游戏软件和他早期的设想惊人的一致，只要他坚持下去，那么成功的肯定就会是他而不是别人。

大发明家爱迪生一生中有过许多重大发明，每一项发明实际上都经历过千百次失败。比如发明电灯，单是电灯泡中的丝线，他就试验了1000多种材料。如果他一面临失败就退缩，那么他或许早就放弃了这项发明。事实上，对爱迪生来说，每一次失败都是一次宝贵的经验。他曾经对别人说：“我每失败一次，就意味着离成功又进了一步。因为在这个过程中，我又排除了一种可能。”

所以说，每一种新的尝试，或者说每一次尝试所带来的失败，其实都预示着我们离成功越发地近了，只不过获得成功需要我们持之以恒。很多时候，我们真的不是输给了失败，而是因为最后生了不敢尝试的心。

“勿做结果想，心向过程中”。无论我们做什么事，都不应该先去考虑结果的成败。只要方向正确，就该一往无前。其实很多时候，成功与失败就在一念之间，坚持下去，曙光呈现；反之，后悔莫及。

1954 年，年轻的雷·克罗克在洛杉矶以东的圣伯纳蒂诺市发现了一家不同寻常的经营快餐的餐厅。克罗克当时就觉得这家餐厅非常有个性，肯定有发展的前途。经过三天的仔细观察，克罗克决定购买该餐厅的经销权。当时餐厅的老板是麦氏兄弟，这两个人并没有意识到自己的餐厅有多么独特，见到有人肯花钱成为经销商，两个人觉得很开心，欣然同意，双方最终达成了合作协议。

加盟餐厅后，克罗克渐渐了解了餐厅的营业流程。为了扩大业务和市场，他向麦氏兄弟提出了许多富有建设性的建议，结果餐厅的生意越做越大，麦氏兄弟对克罗克也越来越器重，把大部分业务都交给他打理，这让他渐渐掌握了经营的实权。在克罗克的建议和经营之下，餐厅开始在国内开连锁店，一步步做大做强。几年之后，餐厅在美国拥有了 200 多家分店。这时，克罗克开始在心里构想快餐帝国的蓝图——这家快餐应该走出美国，走向世界。

但是当时餐厅的拥有者麦氏兄弟目光短浅，不敢尝试。在他们看来，现在餐厅已经非常赚钱了，没有必要还要去冒那么大的险。万一计划失败了，影响了餐厅的名声，岂不是要功亏一篑。本着这样的想法，麦氏兄弟坚决不同意在海外开设分店。

克罗克没有办法，最终向麦氏兄弟提出购买餐厅的产权。起初麦氏兄弟不同意，可是当克罗克提出 270 万美元这个诱人的价格之后，两兄弟再也坐不住了。在巨大的经济利益面前，两人最终做出了让他们后悔一生的决定：将餐厅产权转让给克罗克。最终，克罗克用巨大的成功证明了自己当初那个决定的正确性，他将餐厅推向了世界，并使其成为餐饮业的龙头老大。这家餐厅就是麦当劳。

佛法云：“世间诸灾害，怖畏及众生，悉由我执生，留彼何所为？”这句话的意思是人世间所有的苦恼烦闷皆因心生。有时候，阻挡我们尝试的脚步的不见得是失败，而是我们犹豫不决的内心。坚定自己的信念，不动摇，想到就要勇于去尝试，那么人生就会少很多遗憾与后悔。

不能重复别的人成功，却可以创造自己的辉煌

在这个世界上，每个人都是独一无二的，每个人的成功也是不可复制的。我们无需重复踏着他人的足迹，却可以再创造。每个人都有属于自己的精彩，都可以创造自己的辉煌。

2009年5月5日，全世界的篮球迷共同见证了一个奇迹的诞生，更见证了一种精神，一种人生不能重复，却乐意再创造的精神。

就在这一天，姚明带领火箭队在客场挑战异常强大的洛杉矶湖人队。在比赛之前，几乎没有人看好火箭队。这支球队队员的天赋并不出众，经验也并不丰富，体能和速度也都不占优势。尤其是姚明的球技，更是为人诟病，人们觉得他身高体沉，打不出NBA的那种迅猛，那种气势。然而这样的一支球队却在球赛开场之后打了湖人队一个措手不及，让所有观众眼

前一亮。

作为球队领袖的姚明自进入NBA开始，篮球评论家就认为他缺少霸气，在关键时刻没有血性，所以姚明尽管个人能力非常出众，但作为一个球队领袖，还是不被很多NBA专家认可。球迷们对专家的评论深以为然，他们眼中的姚明性格温吞，作战不够勇猛，他们几乎是咬着牙质问姚明："你为什么不能跟别的球队的明星球员学学？"然而这次比赛让人们看到了姚明的另一面。面对强大得几乎不可战胜的对手，姚明用自己擅长的奔跑与耐力拼命地坚持，一次次激烈的碰撞，一次次将对手反超比分的热情浇灭。

尤其在距离比赛只剩几分钟的时候，双方的拼杀已经进展到了白热化的阶段。赛场上所有人都红着眼睛，每个球员都努力激发出自己全部的力量去争取比赛最后的胜利。就在这时候，意外发生了，带球突破的科比和姚明猛地撞到了一起。姚明意外地伤到了膝盖，猛然倒地，表情痛苦不堪。

在NBA的赛场上，激烈的冲撞随处可见，并不稀奇。起初，谁也没有注意到躺在地上的姚明伤势有多么严重，不过很快大家就发现姚明的表情非常痛苦，他微微蜷起身体，双手抱着膝盖，眉头紧皱。裁判马上暂停了比赛。火箭队的队医第一时间跑到姚明身边低声询问他的伤势。观众们也都屏住呼吸，他们真的怕姚明就此下场，那么赛事的结局也就可以预见了。

过了一会儿，当姚明再次走回球场的时候，所有观众纷纷站起身来为他鼓掌。虽然这里是对手的主场，但对方的球迷还是将掌声送给了坚强的姚明。当姚明再次回到场边的时候，主教练阿德尔曼显然没有料到姚明会带伤回来。担心姚明伤势的主教练正在犹豫着是否要让姚明上场，姚明已经指着场上的队友大喊了起来。他在告诉阿德尔曼，比赛场上有他的兄弟，比赛场上有急需他的队友，他要承担起自己的那一份责任。

当姚明再次回到比赛场上的一刹那，一个记者哭了，他哽咽着说道："姚明让我们明白了一个男人的勇敢与耐力，他让我们看到了中国人的坚强和伟大。也许姚明在其他方面跟一些明星球员有差别，可他的优秀的创造力也是其他球员复制不来的。"

人活在世，每个人都有着属于自己的不可复制的一面，不用妄自菲薄地试图去重复他人，只要发挥出属于自己的创造力，下一个成功的人也许就是你。

2003 年，一个大学刚毕业的女孩以替补身份进入一家电视台实习。没有工资，没有后台，更没有人支持她，梦想的主持人的位置不知距离女孩还有多远，她有些迷茫。经济困窘的她租住在一间整天看不到阳光的房子里，六楼楼梯年久失修，也没有楼道灯。每天晚上，她沿着漆黑的楼梯一路小跑，尽管到家时已经累得骨头都快散架了，但她仍然坚持每天看 1 小时书再上床睡觉。

当时电视台人才济济，女孩一心想要做主持人，但她在语言方面并不占有优势，这使得她无比失落，感觉自己就快坚持不下去了。

当时有人给女孩出主意说："你学学某个节目的主持人，你看她现在多火啊，你也走谐星路线好不好？"女孩断然拒绝了，因为她深知作为一名主持人，如果只是单纯地重复别人的主持模式，而不能拥有自己的主持风格，根本不可能成功。

在女孩参加工作的第二年，她做的节目被投诉，受到领导的批评。女孩委屈地在卫生间哭了好一阵子。回到住所，她一个人默默地又看了一遍周星驰的经典影片《喜剧之王》。看到身处底层仍含泪拼搏的尹天仇在大海边流着泪高喊“努力！奋斗！”时，她泪流满面。然后，她擦干眼泪，打开电脑，笑容再次绽放在她脸上。她哼着喜欢的歌曲，看自己以往的节目录像，继续尝试从中找到不足，进而探索出自己的主持模式，让自己也成为不可复制的主持人。

一年到头，女孩没有请过一天假，即使生病也如此，非常拼命。厚积薄发，天道酬勤，慢慢地，她在电视台里一众主持人中脱颖而出。

从新闻节目《新闻晚报》，到访谈节目《太可乐了》，再到娱乐节目《我爱记歌词》，她在主持上渐渐变得如鱼得水，游刃有余。身为标准的80后的她仅仅用了5年的时间便一跃成为国内一线主持人。另外，她还推出新歌《你是我的巧克力》，主演电视剧《爱上女主播》。

她就是朱丹，一个80后，一个会将自己的笑容放大，知道如何感染和感动别人的当红美女主播，被誉为浙江“最贵”女主持。面对荣誉，她笑着说：“我不是超人，我只是努力地坚持内心的东西，学会了在最低处创造奇迹，找准自己的主持风格，才有了今天的一切。”

纵观每个成功的人，他们几乎都是在创造自己的传奇。重复做事虽然无功无过，但是无论身处哪个领域，我们都不可能有大的发展，只有我们拥有创造力，才有可能改写我们的人生，最终在自己的领域取得最后的成功。

不执着，反而容易成功

执着于追求，不在遇到困难时轻易放弃，原本是成功所必须的奠基石。然而很多时候，并非一味执着便能达到目的。人生总要面临无数的选择，审时度势，在该退让时退让，该转弯时转弯。有时候不过分执着，反而更容易成功。

执着能够铸就成功，这原本是人们深信不疑的一种印象，试问古今中外，各行各业，但凡有所成就的人，谁不是像唐僧取经一样，历经九九八十一难而不退缩，最后才终成正果？没有克服困难的勇气，没有一直向前的决心，遇到障碍便半途而废的人，往往是无法实现自己的理想的。

然而，不懂变通，一味执着，却也常常会导致心想事不成，甚至带来毁灭性的灾难。

因为这时候的执着，已经不是朝着正确方向的坚定不移，而是正诠释着它最初源自佛教用语的贬义：对某一事物坚持不放手，不能超脱。

《百喻经》里描写过这样一位中年妇人，她有一个活泼可爱的孩子，贴心踏实的丈夫，一切都显得其乐融融。但是，有一天，她突然还想再生一个孩子，结果却苦苦求之而不得。这时，有一位老妇人向她建议说："天神无所不能，你可祀天，必能心想事成。"于是这位中年妇人请了人来做法，没想到掌管祭祀的人又对她说，如果她能用自己最心爱之物去祭祀天神，必然心诚则灵。这妇人思来想去，自己最心爱的只有独子啊。她坚信天神一定能让她再生几个孩子，最后忍痛杀死了自己的孩子，用他的血来祭祀……

有信心的毅然坚持和无意义的盲目固执，两者虽然都是执着，却会造成两种截然不同的结果。当心不能超脱，当眼睛固执地盯着成功，思想拘泥于胜利二字，便极易陷入魔障，最终能带来什么便可想而知了。

《庄子》一书中记录了这样一个故事，说有一个叫梓庆的木匠，他平时负责制作祭祀时挂钟的架子，尽管这是一种很简单的活计，很多人都能做，但只有他把这项工作做到了极致，以至人们都惊叹他的鬼斧神工，赞叹上面的野兽栩栩如生。当地的国君听说后，特地将他唤来，询问其中有何诀窍。

梓庆回答说："我只是一个木匠，哪里有什么诀窍？如果非要说有什么不同，就是我准备做任何架子之前，必定会先守斋戒，让自己的心静下来。斋戒三天，我就可以忘利，把心中那些关于让自己得到功名利禄的念头全部扔掉；斋戒五天，就能忘名，别人的赞叹和毁谤我就已经不在乎了；斋戒到第七天，我就可以达到忘我之境。到了这时候，我的眼里已不存在什么公事和朝廷，外界的纷扰全都消失。有了这样的心态，我就拿着斧子进山了。因为心很清静，所以哪些木头天生长得像野兽，我一眼就会看到，然后把木头砍回来，仔细一加工，它就会成为现在的样子。这无非是以我木工的本性融合木料的自然天性。制成的器物有如神助的原因，想必正是因为这一点。

著名运动员邓亚萍，曾在乒乓球赛中获得18次世界冠军，当有人问及她获得胜利的秘诀时，她的回答与梓庆所说的有着异曲同工之妙："把结果看淡一点儿儿，把注意力放在每一个球上。"

一位古代的普通木匠，一位当今声名赫赫的运动明星，同时指出了关于成功的不算诀窍的诀窍——有心栽花花不开，无心插柳柳成荫。

是的，并不是不追求，而是不计较胜负得失的坦然追求。活在当下，做好该做的事，一步一步来，自然能愈来愈接近梦想。当意识到所走的路茫然不明，前景未必灿烂时，当舍则舍，不要因为放不下曾经的付出而咬牙继续，不然便如同陷入泥沼的人，越是挣扎，越是泥足深陷。

在娱乐圈红透半边天的明星吴秀波，他的事业历程恰好演绎了什么是追求成功道路上的峰回路转。

吴秀波20岁时便进入了铁路文工团，这在当时可谓是稳稳当当的铁饭碗。但因为这并非他心之所向，在干了7年后，1995年，他辞职去追寻自己多年的音乐梦。

在酒吧驻唱的那段日子，他过得很潇洒，梦圆了，钱赚了，人缘有了，请个客都要点上半本菜谱上的菜，被朋友戏称为"吴半本"。

不，他不是挥霍，也不是显摆，他只是想珍惜有限的生命，珍惜当下，去做自己喜欢的事。

可惜日子没有一直如此继续，每个人的人生路上都会有一些沟沟坎坎，上帝对所有人都是公平的。吴秀波最迷惘的时候，交往多年的女友走了，同学、朋友一个个都成明星大腕了，30 岁的他还在开饭店、美容院和倒腾电器等不喜欢的行当中蹉跎时光，不知道明天的路。

最落魄的时候，他 34 岁，败光了所有的钱，沦为无业游民，每年只挣 8000 多元，胖到 170 多斤，天天在上岛咖啡馆打牌混日子。

最穷困的时候，中国队冲击世界杯那一年，朋友送给吴秀波两张沈阳五里河球场的球赛门票，他却因为没路费前去，只能在家一边看电视一边哭。

35 岁的吴秀波因结婚生子，生计所逼，才回归到他的本行，再次成为一名演员。在此后长达 8 年的时间里，他虽然主演了 21 部电视剧，却一直不温不火，在观众面前仅仅混了个脸熟。

也曾彷徨，也曾质疑自己，可即便如此，吴秀波始终不曾放弃，他用心演绎着每一个角色，这才有了之后的破而后立，一夜成名。

2010 年，吴秀波 42 岁，终于凭借一部《黎明之前》一炮而红，获得最佳男主角等多个奖项。

人生从开始到最后，犹如行走在一条漫长且充满了未知的路，人生路上的艰辛与磨难原本就是路的一部分。

遇上了，绕过去。绕不过，跳过去。跳不过，那就大不了跌一跤，然后爬起来。放心吧，一般人都能爬起来的，没有几个人会一直躺在那儿，直到地老天荒。

然而，可以执着，却不要固执。

可以假设，吴秀波若在面对人生选择时，放弃音乐梦想，不放弃自己不擅长的饭馆、酒吧等生意，必然就没有机会迎接他演艺业的辉煌灿烂。

可是若没有他对演员生涯的执着，他又何尝能挨过长达8年的默默无名？

所以吴秀波说，只要一直凭一颗勇敢的心，走在信、持、放下的路上，那灿烂而温暖的自由就在我们的心里。

也许这便是执着与不执着的智慧。

心境开阔，才有开阔的人生

如果说性格决定命运，那么与其对应的应该就是格局铸就人生。

判定格局的高低要看人的心境，心境狭窄，视野必然局促；心境开阔，人生才会呈现出磅礴的气势与未来。

唐太宗时期，魏徵经常进谏，凡是他认为正确的意见，必定当面直谏，坚持到底，决不背后议论，这是他的可贵之处。

有一次，唐太宗对大臣长孙无忌说："魏徵每次向我进谏时，只要我没有接受他的意见，他就不答应。"

未等长孙无忌答话，魏徵便接过话头说："陛下有做得不对的地方，我才会进谏。如果陛下不听我的劝告，我又立即顺从陛下的意见，那就只有依照陛下的旨意行事，岂不违背了我进谏的初衷了吗？"

唐太宗说："你当时可以应承一下，顾全我的体面，退朝之后再单独向我进谏，这样做难道不行吗？"

魏徵解释道：“从前舜告诫群臣，不要当面顺从我，背后又另讲一套，这不是臣下忠君的表现，而是阳奉阴违的奸佞行为。对于您的看法，为臣不敢苟同。”

大臣们听了魏徵的话，都为他捏了一把冷汗，觉得他说得有点太过。唐太宗却频频颔首，没有再发表意见。

历史上能如此相处的君臣恐怕不多。就这样，唐太宗在魏徵的辅佐下，江山稳固，百姓安居乐业。唐太宗曾不止一次地感慨，虽然魏徵脾气不好，出言莽撞，可我能到今天，这里有太多魏徵的功劳。

虽说大唐盛世魏徵功不可没，然而若不是唐太宗拥有开阔的心境，魏徵也可能英雄无用武之地。心境开阔，看似包容了他人，实则也是在成就自己。

鲁迅和瞿秋白之间的友情要追溯到许多年前。两个人都非常有个性，经常因为一个命题或者一个想法相悖而争论得面红耳赤，甚至拂袖而去的场景也时有发生。对于鲁迅的一些做法，瞿秋白没少在友人之间“吐槽”。

抗日战争时期，瞿秋白面对国民党的悬赏追捕，无处躲藏，甚至有许多他从前的朋友见他来访，竟然称病，不肯开门。瞿秋白几度伤心落泪。而同样处于危难中的鲁迅三番五次收留瞿秋白在家中避难，最后瞿秋白自己都非常不好意思。鲁迅则淡淡地表示，朋友此时不用要来何用？至此，瞿秋白虽然在一些想法上依然和鲁迅有争执，可是提起鲁迅的为人，瞿秋白却坦言：他让我敬佩。

心境舒展大气，能容难容之事，自然也会收获对手的敬重。

帕岱莱夫斯基是波兰著名的钢琴家、作曲家，当他还只是个名不见经传的钢琴家时，曾到美国一座音乐厅进行演出，在那里发生了一件特别的事。

当时的美国人对看演出是相当重视的，所有到场的观众穿着都很隆重，男性穿着黑色的燕尾服，女性则穿晚礼服出席。帕岱莱夫斯基演出当晚，有一位母亲带着一个活泼的9岁小男孩来到音乐厅。母亲希望孩子在听过优美的演奏后会对学钢琴产生更大的兴趣。

等了许久，演奏还未开始，好动的小男孩在座位上坐不住了，一直动来动去，表现得相当不耐烦。当这位母亲转头跟朋友交谈时，小男孩悄悄溜走，接着竟然爬上了舞台。台下观众目瞪口呆地看着这个小小的不速之客。

小男孩把手放在琴键上，开始笨拙地弹奏他最近学会的一首曲子。听见凌乱的琴声，有的观众开始埋怨："谁把他带来的？怎么这么没有礼貌？""他母亲在哪里？""制止他！别让他弄坏了钢琴！"

在后台的帕岱莱夫斯基也听见台前的琴音了。他赶忙跑到台前，站在小男孩的身后。随即，他伸出双手弹起了钢琴，并配合着小男孩的音乐。他在小男孩耳畔低声鼓励他："继续弹，不要停……"

一曲终了，台下掌声雷动。观众集体起立，为他们鼓掌。孩子的母亲更是热泪盈眶。

从那以后，帕岱莱夫斯基开始声名鹊起。他的成功源于他在音乐上取得了极高的造诣，同时与他的人格魅力不无关系。

技艺在精，为人在容，只有心境与技艺相辅相成，成功才会悄然降临。

汉朝年间，有一个叫陈实的人。这个人为人正直，不会花言巧语，且为官清廉，所以深受百姓的爱戴。

一天上午，陈实在从街市返回家的路上，与一位曾一起共事过的朋友意外碰面。两人多年未曾谋面，交谈一阵后，陈实执意要请友人到家里去好好叙叙旧。

一进家门，陈实就忙着准备酒菜。把家里最好的酒都拿出来招待友人。友人很是感动，两个人高高兴兴地吃喝起来。

吃完饭后，陈实把友人领进了书房，一起欣赏他的字画。陈实这辈子不图名利，唯独对自己的画作特别骄傲。然而友人欣赏过后，竟然频频摇头。

陈实急忙问："仁兄难道觉得我的画画得不好吗？"

友人笑着说："我觉得你有画画的时间，不如做些别的。在这方面，你确实没有什么天赋。"

友人走后，陈实闷闷不乐。他的夫人也不高兴地说："你那是什么朋友，一点儿都不会说话，吃了人家那么多东西，回过头来还说人家的画不好，怎么天底下会有这种人！"

陈实斥责了夫人，他觉得这顿饭没有白请，让他认清了一个朋友的真伪。在这种情况下还能直言不讳之人，一定是内心直率、不藏奸诈之人。拥有这种朋友，对自己来说是一件幸事。

之后，陈实听从了朋友的忠告，放弃了画画，改为研究诗词，后来果然大有作为。

明清时期著名文学品评著作《围炉夜话》中有这样一句话："看书须放开眼孔。"这句话的意思是读书必须要有开阔的眼界和心胸，才能有良好的判断力。其实做人亦当如是。

心境原本是佛教用语，指清净之心，心情、心绪。现代人所说的心境，其实就是自己内心最真实的感受。无论是开心或悲伤，还是生气或抑郁，传达到我们心底的感觉就是心境。既然这份情绪来源于自身，那么我们何不放开胸怀，用开阔与释然的心态去面对它。

不纠结，不迷茫，用“行到水穷处，坐看云起时”的潇洒心胸去看待人和事，回报我们的必然也会是云淡风轻。

有人视贫穷为诅咒，也有人把它当成磨砺

极少人会口含“金汤勺”出生，大多数人总会多多少少经历贫穷的考验。贫穷犹如游戏中的“衰神”，诅咒、厌弃对它毫无杀伤力。唯有牢记，奋起，才能将它踏成脚底之泥。

德国著名文学家歌德在年轻的时候曾经过得非常穷困潦倒，然而他才华横溢，所以身边朋友无数，有钱的朋友更是数不胜数。看到歌德过得如此窘迫，朋友们自然就很想帮他一把。

有一天，一位朋友来到歌德家里做客。看着这个屋子家徒四壁，连个像样的椅子都没有，朋友对歌德好言相劝道：“你还是不要写什么诗歌故事了，不如跟着我们去学习做生意，你觉得怎么样？赚了钱就能改善生活。何必像现在这样，有的时候连饭都吃不起。”

歌德掷地有声地告诉朋友："谢谢你的好意，关键是我从来没觉得自己穷困潦倒。每个人的追求不一样，我反而觉得我比你们富有百倍、千倍。"

听了歌德的回答，朋友哑口无言。

就是在这种贫寒的境遇下，歌德完成了自己生命中的大部分著作。虽然一直到去世，歌德都不算是个有钱人，但是他成了德国民族文学的最杰出代表，他的创作把德国文学提高到一个更高的高度，并对欧洲文学的发展做出了巨大贡献。

贫穷不应该成为人生不顺的借口。有贫穷面前，一些人被击倒了，另一些人击倒了贫穷，生活的拮据反而成为他们力争上游的动力。有了贫穷的磨砺，反而更懂得珍惜将来所得到的一切。

南宋名臣张浚 4 岁时就不幸成了孤儿，住在亲戚家里。张浚小小年纪就已经非常懂事，勤俭顾家。长大后，他进入太学，中进士，最终成为南宋明相、抗金名将。

虽然功成名就，但是张浚一直没有忘记微时的辛酸。他要求家中主妇以及仆人一定要珍惜一切，节俭度日。他的妻子不解，觉得以他的俸禄，就算奢侈些也不是什么大不了的事。张浚回答："当年我穷得连饭都吃不起。我努力用功，当时的理想是只要谋得温饱即可。虽然现在我的日子过好了，但是当初生活艰辛的情形仍然历历在目。我要求节俭，只是在提醒自己不要松懈，努力进取，以免有朝一日再回到当初的情形。"

后来张浚因与奸相秦桧政见不和，被贬往湖南零陵做地方官，出发时带了几箱书随行。有人诬告张浚与乱党有关系，宋高宗于是下令检查张浚行李中的书信和衣物。事后，宋高宗叹息道："想不到张浚安贫守贱到如此地步！"宋高宗派人骑快马追上张浚，赏赐他黄金三百两。

"有时思无"是一种非常难能可贵的品质，能牢记曾经的磨砺，用以激励自己，保持住奋进的动力，才会让我们的人生充满各种无限的可能。

段干木，生活在春秋末年至战国初年，是当时的一位名士。

像他的名字一样，段干木幼年时有些木讷，性格也极其倔强，有一股不服输的劲头。和村里的其他孩子一样，段干木有时饿极了，没有东西吃，就到村东的酸枣林里捡酸干枣吃，有时也下到河里去捉鱼或到淤泥里去抓泥鳅。生活艰辛，段干木总是饥一顿饱一顿。

穷人的孩子早当家，贫穷的生活过早地磨砺了段干木的意志。段干木 7 岁那年，母亲得了重病。为了筹钱给母亲治病，父亲带着段干木去卖家里仅有的一只羊。为了卖个好价钱，父亲带着他去到离家很远的一个城里。由于心里惦记着母亲的病情，着急的段干木撵着山羊一路小跑。

见段干木父子是外地人，羊市上的羊经纪欺生，从中作梗，父子俩一直等到晌午也没能把羊卖掉。无奈之下，父子俩通过羊经纪以很便宜的价格卖掉了羊。拿着手中少得可怜的钱，父亲流下了伤心的眼泪。懂事的段干木眼里也含着泪，跟着父亲饿着肚子回到了家。

这件事深深地烙在了少年段干木的心里，他暗暗下定决心，一定要当一个大经纪，为老百姓说话，治治那些黑心的人。多年以后，长大成人的段干木靠自己的智慧和公正当上了经纪，并且逐渐得到经纪行的认可。后来，他又到了晋国的都城安邑，成为晋国一个远近闻名、受人称赞、公平公正的牲口市大经纪。

每天和追逐蝇头小利的商人讨价还价，和多疑多诈的各类经纪人费尽口舌，段干木心中渐渐生出些许厌烦。一天，他从居住的客栈到牲口市场去，看到很多人围着一个人在听课，原来是孔子的一个学生在讲学。听着听着，段干木入了迷，认为这才是自己应该从事的事业。

第二天，段干木将自己的东西拾掇好后悄悄离开晋都，踏上了拜师学艺的路途。功夫不负有心人，他逐步精通了《诗》《易》,《春秋》《礼》则达到了烂熟于心的程度，并且学以致用。一时间，段干木在西河地区出了名，以至别人提起他时都说“西河段干木”。

魏国有个魏成子，喜欢和贤德的人交往。魏成子向魏文侯推荐了段干木，魏文侯于是乔装打扮，坐着车微服私访段干木。

魏文侯见到段干木时，段干木正在井边打水。就在段干木挑着两个大木桶往家走的时候，和魏文侯迎面碰上了。魏文侯并没有见过段干木，见迎面来个挑水的人，于是问：“请问你知道段木干家在哪儿吗？”段干木没有答话，而是回头用手向后指了指。段干木回到家里，刚把水倒进缸里，就听到大门外魏文侯正在和人说话，于是急忙从屋里出来，跳墙离开家，避开了魏文侯。

没有见到段干木的魏文侯不死心，就在村里住了下来，每天到段干木家拜访。段干木知道他是魏文侯，故意不理他，每天照样挑水做饭，读书养性。魏文侯在村子里住了一个月，段干木终于被他的诚心打动。最终，段干木和魏文侯见了面，接受了魏文侯的邀请，做了他的客卿，客居魏国。

段干木最终成为声名显赫之人，当他和魏文侯游历乡村，大家看着他都觉得难以置信，这真的是当年那个连饭都吃不饱的孩子吗？段干木还特意感谢了当初克扣他和父亲的卖羊钱的经纪，要是没有他在自己心里留下的阴影，段干木觉得自己肯定不会有今天的成就。

中国有两句古话，一句是“英雄莫问出处”，一句是“莫欺少年穷”，这两句要表达的都是一个意思：如果我们能把现在的贫穷当作上天给我们的磨砺，那么我们的未来就会有无数种可能，每一种可能都代表着成功的途径，只要我们敢于前行。

唤醒心中的潜能

你有没有在重压加身的那一刻幻想过拥有超能力，顷刻间变成超人、蜘蛛侠，用不同寻常的力量去迎战困难？这一切毕竟都是科幻电影中才会有的事。不过也别忘了，银屏上还曾经出现过另一个让人敬佩的形象，它就是蝙蝠侠。这是一个不具备任何超能力的英雄，它通过激发自己内在的潜能变得强大。我们做不了超人，但我们可以做生活中的蝙蝠侠，唤醒心中的潜能，挑战人生中不可能完成的任务。

1890 年的美国印地安那州亨利维尔附近的一个农庄，一个叫山德士的小男孩出生了。在他 6 岁那年，父亲去世，母亲带着三个年幼的孩子，日子过得分外艰难。

山德士是家中的老大，白天母亲不在家，小山德士为了不挨饿，只得自己试着做饭。一年过去了，他竟然学会做 20 个菜。

在山德士 12 岁那年，母亲再嫁，然而山德士和继父的关系不是很好。读到小学六年级，山德士就再也不想读书了，他决定离开学校去工作。山德士来到格林伍德的一家农场做工，虽然辛苦，但能维持个人温饱。

此后，山德士又换过无数种工作，做过粉刷工、消防员，卖过保险，还当过一阵子兵。后来他还获得了函授法学学位，于是又在堪萨斯州小石城当了一段时间的治安官。

40岁的时候，山德士来到肯塔基州，开了一家可宾加油站。来往加油的客人很多，看到这些长途跋涉的人饥肠辘辘的样子，山德士萌生了一个念头：为什么我不顺便做点方便食品来满足这些人的要求呢？况且自己的手艺本来就不错，妻子和孩子也时常称赞。

有了想法，马上行动。山德士开始在加油站的小厨房里做日常饭菜，招揽顾客。 在此期间，山德士推出了自己的特色食品——炸鸡。由于味道鲜美，口味独特，很快炸鸡就受到了热烈欢迎。客人们交口称赞，甚至有的人来到山德士的加油站不是为了加油，而是专程来吃炸鸡。见此情景，山德士就在马路对面开了一家山德士餐厅，专营炸鸡。

几年以后，随着顾客不断增加，山德士感到自己在管理经验上的缺乏，于是专门到纽约康奈尔大学学习饭店旅店业管理课程，这使得他能够很好地解决以后面对的饭店管理问题。此后，山德士餐厅的名声越来越大，客人越来越多。

天有不测风云，人有旦夕祸福。二战爆发打乱了山德士的所有计划，转眼间，他就因为战争变得一贫如洗，不得不变卖资产以偿还债务。这时的山德士已经66岁了，他所能依靠的只是自己每月105美元的救济金。

所有人都以为这个风烛残年的老人再也没有了翻身的机会，然而他却身穿白色西装，打着黑色领结，开始了人生的第二次创业。从肯塔基州到俄亥俄州，山德士兜售炸鸡秘方，并给老板和店员表演炸鸡。如果他们喜欢炸鸡，就卖给他们特许权，提供作料，并教他们炸制方法。

开始的时候，没有人相信山德士，饭店老板甚至觉得听这个怪老头胡诌简直是浪费时间。两年时间内，山德士被拒绝了1009次，终于在第1010次走进一家饭店时，得到了一句“好吧”的回答。有了第一个人，就会有第二个人，在山德士的坚持下，他的想法终于被越来越多的人接受了。

1952年，盐湖城第一家被授权经营的肯德基餐厅建立了，这便是世界上餐饮加盟特许经营的开始。紧接着，让更多的人惊讶的是，山德士的业务像滚雪球般越做越大。在之后的短短5年内，山德士在美国及加拿大发展了400家连锁店。到今天，世界各地到处都有山德士的炸鸡分店，店名很短，名声很响亮，简简单单的三个字——肯德基。

山德士曾经说过，在他很小的时候，他的母亲就说他是一个倔强而不服输的人。在一生中，山德士把自己的潜能发挥到极致，硬是在遭到1009次拒绝后成了全世界最成功的生意人之一。

所谓潜能，其实就是指我们身体里蕴含的潜在能力。安东尼·罗宾，美国著名心理学专家，世界级成功学、激励学领域顶尖大师，他的潜能开发理论帮助过无数人，包括美国前总统克林顿、南非前总统曼德拉、已逝的戴安娜王妃等。他曾经说过：“别说你干不了，你的潜能会帮你完成任何你想要做到的事。”

有一则著名的英国寓言就是关于潜能的。有一个猎人进山打猎，无意中在山顶的鹰巢里发现了一只嗷嗷待哺的小鹰。猎人见小鹰非常饥饿，鹰妈妈又不在身边，于是就把这只可怜的小家伙带回了家中。

这只小鹰从小跟着鸡群一起长大，以至它一直以为自己是一只小鸡。所以当猎人真正要放飞这只鹰的时候，无论怎么诱惑，怎么打骂，鹰就是飞不起来，因为它认定了自己就是一只不会飞的小鸡。最后猎人失望了，说："我白养了一只雏鹰，一点儿用处都没有，把它扔了吧。"

猎人把这只小鹰带到悬崖边，撒手将小鹰扔下悬崖。小鹰垂直地从悬崖上掉下去，就在急速坠落的过程中，这只小鹰的翅膀一扑棱，在坠地之前竟然飞了起来。鹰的天性与潜能被彻底激活了，它终于知道自己的翅膀是有用的。

其实我们大多数人在成长过程中，身体里都会有某种潜能从未被开发出来。约束我们的不是身体本身，而是我们下意识的躲避心态。我们以为自己不能、不行、不会，渐渐地，我们的潜能就这样被埋没了。

如果再给我们一次机会，让我们去挑战那些不可能完成的事，我们可以把它当成必须要完成的唯一出路。一旦我们拼尽全力，不让自己受限，就会唤醒一直未知的潜能，最终成为拥有"超能力"的大英雄。

人生的“第二志愿”往往会成为新起点

如果将来我做不成医生，那就做一名厨师，做出最美味的菜肴。

如果我成不了电影明星，试着唱歌也是不错的选择。

关于人生，你有“第二志愿”吗，你如何看待这个“第二志愿”？“第二志愿”有时是退而求其次的选择，有时是一次偶然促成的灵光一现，或是“第一志愿”达成后的更高追求。然而让人意想不到的是，很多时候，“第二志愿”成了许多人人生的新起点。

有一个叫布洛克的小伙子，他出生在英格兰北部兰开夏郡的普雷斯顿，从小跟着在政府任职的父亲不断迁移。二战期间，他们住在经常遭受轰炸的英国南部，也正是在那个时候，布洛克开始深深地体会到战争带给人们的伤痛。当时，他曾对小伙伴们说：“我将来一定要做一名将军，指挥作战，打击敌人。”小伙伴们问他：“如果你做不成将军怎么办？”布洛克想了想，说："那我就去做一名医生，去救治伤员，为他们解除痛苦。"

长大后的布洛克只是一个普普通通的职员，看上去已经没有可能再成为一位将军或者医生。一天，他去乡下骑马游玩，没想到一不小心他从马上摔了下来。身体着地的那一刻，他痛得差点儿哭出声来。"快，带我去看医生。"布洛克向身边的朋友求助。

"你还是省省吧，"他的朋友摊开双手，无奈地说，"这里距离最近的医院都要走上 26 天。"

布洛克惊讶地问："那你们生病了怎么办？"

"听天由命呗。"布洛克的朋友耸耸肩，回答道。

谁都没有想到，正是因为这次意外受伤，布洛克居然萌生出了要组建一支医疗队的想法。

因为儿时的梦想，再加上亲身体会到偏远地区的人们求医治病的艰难，布洛克暗暗发誓，一定要筹建一支医疗队，深入到缺医少药的地区，为那里的人们看病治疗。

所有人都说布洛克是异想天开，尤其当他们听说布洛克还想免费为大家看病时，越发笑得前仰后合，他们笑着说："布洛克，你认为这可能吗？你自己都居无定所，为了省钱，每天就只吃一餐。"

布洛克说："那又怎么样？"

朋友们笑得更大声了，继续嘲笑他："夏天天气热，你连个沐浴设备都没有，用胶皮管接上水龙头，站在院子里哗哗地冲洗。你自己想一想，你一分钱都没有，还能帮助别人？"

看着这些不相信自己的人，布洛克郑重地说："可是我心里有梦想，而你们没有。虽然我此生做不了医生，可同样能治病救人。”

布洛克说干就干，他四处筹集资金，到处寻找合适的医生。为了组建这支医疗队，他甚至还自学了电脑，建立了网站。

当布洛克得到第一架捐赠的飞机时，他身边的朋友又开始议论纷纷：“布洛克，把飞机卖掉吧，让我们也跟着你沾沾光，过上衣食无忧的日子。”

布洛克冷静地说：“我永远不会放弃我的初衷，我也绝对不会因为钱而改变自己的想法。”

终于，在布洛克的努力下，一个名叫“偏远地区医疗志愿团”(RAM)的组织成立了。

在布洛克创建偏远地区医疗志愿团之初，一直没有找到合适的飞机驾驶员。为了能够尽早地为那些饱受病痛折磨的人们进行诊治，有恐高症的他又冒着生命危险学会了飞机驾驶。

几年时间里，偏远地区医疗志愿团受到来自全球十多个国家的贫困人民的热烈欢迎。每当人们看见标有“RAM”字样的飞机以及汽车浩浩荡荡地行驶过来时，无不欢呼雀跃，兴奋尖叫。

布洛克，一个两手空空的人，凭着自己的一腔赤诚，缔造了一个医学界的神话。人们还送给了他一个可爱的昵称——“最穷医生”。

如果将生存在这浮躁的尘世比作登一座山，那么我们心中的志愿就是我们立志要登顶的山峰。也许最终我们没有成为攀上峰顶的强者，那么试试第二志愿也是一个不错的选择，就如同在登顶之旅中为自己指出一条最契合自己的攀登方式。请相信，只要我们够努力，不同的高度会有不一样的风景，且同样优美。

明代大思想家王阳明少年在私塾就读的时候，老师曾问所有学生："大家读书都是为了什么？"当时所有学生回答的大多是考科举、做官、光宗耀祖等，虽然众说纷纭，但是主题只有"登第"这一个。

轮到王阳明说时，他凝神思索之后果断地说："虽然登第是读书后要完成的第一等的大事，但是除了科举之外，我还想做一名圣贤之人。"这是王阳明心中的第二理想，最后也成为他一生所追求的目标。也正是因为王阳明的坚持，不跟风、不盲从，经过多年努力，终于成为一位"心学"集大成者。

实际上，第二志愿与第一志愿并不相悖，如果说第一志愿是我们的理想，那么第二志愿可以说是我们的初心。在一切尚未达成的阶段，试着转换一下角度，尽善尽美地去成就自己的初心，反而会出现柳暗花明的局面。

美国总统林肯在小的时候由于家境贫穷，受教育程度不高。为了维持家计，少年时的林肯当过俄亥俄河上的摆渡工、种植园工人、店员和木工。18 岁那年，身材高大的林肯被一个船主雇用，与人同乘一条平底驳船顺俄亥俄河而下，航行千里到奥尔良去做工。

在 25 岁以前，林肯没有固定的职业，四处谋生。后来，他成为一名土地测绘员，因精通测量和计算，常被人们请去解决地界纠纷。林肯经常和劳作在土地上的工人们打交道，有时候大家会坐在一起开玩笑。

工人问林肯："嗨，林肯，说说你将来最想干什么？"

林肯犹豫道："我想做一名律师。"

众人哈哈大笑，指着林肯说："哈哈，就你还想做律师，你怎么不说你想做总统？"

林肯郑重地点了点头，"那是我的第二理想。"

听到这个不可思议的回答，众人笑得从椅子上翻了过去。

多年过去了，林肯竟然真的实现了当初的愿望，成了一名律师，并继而打算竞选总统。从打算进军政界开始，一直到他坐上总统之位，林肯整整花了 17 年时间。一路走来，林肯颇吃了一些苦头。

当初林肯下决心要竞选总统一职时恰巧失业了；而当他孤注一掷去竞选总统时，他又失败了。凡此种种，一连串的打击让林肯背上了巨额债务。

当时所有人看林肯时，都仿佛在看一个笑话，甚至有人嘲讽他说："听说你还欠别人很多钱，而你还想竞选总统？"

为了偿还债务，林肯开了一家公司，可没想到公司最后又倒闭了。整整 17 年，虽然林肯一直忙着偿还债务，但是他仍然在为一件事坚持并为之行动，那就是竞选总统。这在旁人眼中看似天方夜谭的成功，终于在 17 年后成为现实。

每当人们感叹自己在追求成功的道路上有太多阻碍时，应该去看看林肯在这条路上碰到的困难。当初他打算竞选总统时，在人们看来，要获得成功简直难于上青天，然而他最终通过自己的努力和坚持达成了目标。

一个人的成功绝不是我们表面看上去的那么简单。当我们无法达到最初的梦想，那么试试第二志愿也是不错的选择，也许不仅能以小搏大，还可以化腐朽为神奇，最终让我们获得最初想要的。当我们实现了第一志愿，再立下第二志愿，人生还能迎来更广阔的天地，登上更高的高度。

最终改变世界的是边缘人，而不是精英

成功对于大多数人来说，是“三百六十行，行行出状元”的拼搏上进，但对另一些人来说，则是成全自我与众不同的梦想。这些人脱离了主流社会的成功模式，坚持着自己的所想、所爱，还常常被周围的人误解、排斥。

我们渴望成为某一行业的佼佼者，成为精英，然而出乎意料的是，给世界带来全新变化的，往往是那些当初不被人理解和赞同的“边缘人”。

边缘人是一个含义十分广泛的心理学名词，但凡那些在想法、行事上与社会主流方式格格不入的人，都可以归纳到这个范围。边缘人的边缘性格总是令他们显得孤僻、怪异，可往往正是这样的人，最后成为精神上的先行者，某一行业的引领者。

鲁本·马塔斯，这是一个并不为大众所熟知的名字，可是在冰淇淋业，以及众多热爱这种美味食品的人们心中，这个名

字代表了一个伟大的人。正是这个波兰人创立了享誉全球的冰淇淋品牌——哈根达斯，并凭借这一富含精制工艺、具有完美口感的新品种，一跃成为冰淇淋甜品艺术的代言人。

马塔斯家族四代一直以制作、贩卖冰淇淋为生，因此马塔斯可以说是“泡”在各种冰淇淋中长大的。在自幼的耳濡目染和父母的悉心栽培下，马塔斯掌握了一手制作天然冰淇淋的好技艺。

父亲去世后，马塔斯和母亲于 1921 年从波兰移民到美国。那时的马塔斯还只是个 17 岁的小伙子，为了生活，他在自家的作坊里制作冰淇淋，然后用马车拉着成品，在纽约的布朗克斯大街沿街叫卖，这样的日子过得可谓落魄。但是，由于马塔斯家的冰淇淋有着出色的制作工艺，他慢慢在众多小贩中脱颖而出，获得了一些名气。此后几十年，他的生意渐渐做大。

可是好景只持续到马塔斯 40 岁那一年。20 世纪 50 年代，有一些作坊开始在冰淇淋中加入稳定剂、防腐剂等，这样做的最大好处就是降低成本，同时能因添加剂产生的独特口感和更长的保质期赢得消费者的青睐。面对行业的新变化，马塔斯的生意面临了严重危机。

作坊里的工人都建议马塔斯随大流，而马塔斯也知道这是大势所趋。然而一旦这样做，就意味着他的冰淇淋将不再“天然”，这实在违背了他做冰淇淋的初衷。经过再三思索，马塔斯决定独辟蹊径，做出一种高贵而时尚的冰淇淋。

马塔斯的决定受到了多方面的反对和质疑，工人们都觉得冰淇淋应该是一种人人都能买的低价消费品，研究高成本冰淇淋实在不是明智的选择。同行也都认为马塔斯疯了，幸灾乐祸地等着看好戏。

之后的 10 年时间里，马塔斯带着工人们不断进行实验，从未改变过要做出世上最好的冰淇淋的决心。

时至今日，近乎苛刻地挑选原材料，再经过 2000 多道工序制作而成的纯天然、高质量、风味绝佳的哈根达斯冰淇淋，已经吸引了众多注重生活品味的消费者，并且成为完美和时尚的代名词。“爱她就请她去吃哈根达斯”，伴随着这句响亮而引人遐思的口号，冰淇淋一改廉价甜品的形象，摇身一变成为爱情的信物，而这一切都有赖于马塔斯当年的“一意孤行”。

马塔斯当时力排众议的做法，不可否认是有些近乎固执的，纵使目标明确，设想有理有据，却也无疑是充满风险的尝试。然而也正是因为有了这种大胆创新，才成就了后来的成功!

苹果公司创始人乔布斯和他的伙伴沃兹尼亚克，就传统角度来说，也都是边缘人物。乔布斯是家里的养子，虽然养父母对他十分宠爱，但也许是出于心理原因，他从小便非常叛逆，小学时常常和同学一起捣蛋，还曾在老师的凳子下放炸药，对学习也从来不感兴趣。年少时，性格孤僻的乔布斯大部分时间都待在工作室里研究父亲的各种工具。

沃兹尼亚克也是如此，他经常在学校恶作剧，有一次居然在同学的课桌里放置“炸弹”(其实是他自己制作的一个电子节拍器)，结果惊动了校长亲自“英勇拆弹”。事件的结果是沃兹尼亚克被停课两天，还被关在青少年拘留中心待了一晚。

乔布斯和沃兹尼亚克两人的学习成绩都不优异，所以都没有读完大学，缀学回家后也没干正事，成天像街头浪子般游荡。他们还曾一度合伙制作了“蓝盒子”这种可以破解电话系统、拨打免费电话的设备，并违法售卖，差一点儿就被抓进警察局。

不仅如此，闻名世界的苹果电脑公司的创立地点也很“边缘化”。1976 年，乔布斯、沃兹尼亚克和他们的另一位朋友罗·韦恩一起创立了苹果公司，而公司所在地就是乔布斯家的车库。在当时，几乎所有人都看不起这种在车库里成立的公司，包括乔布斯他们自己也觉得“自惭形秽”，因此在有了资金以后，做的第一件事就是去租一间像样的办公室。

然而就是在那个不起眼的车库里，“苹果一号”和“苹果二号”问世了，尤其“苹果二号”更是取得了空前的成功，1983 年的每月销售量超过 33000 台，销售额近 6 亿美元。自此，刚创立 5 年的苹果公司名列美国《财富》杂志评出的世界 500 强企业。

成功之后的乔布斯回想往日经历时曾说：“我百分之百确定没有“蓝盒子”就没有苹果公司。沃兹尼亚克和我学会怎样一起工作，我们也在解决技术难题和将发明投入生产的过程中获得了自信。”

是啊，成功是在无数实践和经验的积累中厚积薄发的，创新更是在一次次挑战常规后实现的。无论对哪一个行业来说，按部就班、墨守成规都不可能带来改进和变化。

不鸣则已，一鸣惊人，特立独行的边缘人在世俗世界的缝隙里游走、挣扎，不惧流言蜚语，不改心中宏愿，最终绽放出令人侧目的希望之花。

成功者不过是爬起来比倒下去多一次而已

电视访谈节目中经常会采访一些事业有成的顶尖人物，观众也喜欢听他们侃侃而谈，追溯以往。试着总结这些成功人士的经验，精炼出来其实只有一句话：他们的成功之路其实都很简单，不过是爬起来比倒下去多一次而已。

对于这个从农村来的小保安甘相伟来说，能在北京大学任职是一种莫大的幸运。很多次，看到来来往往的学生，甘相伟都羡慕不已："这可是全国顶尖院校中的学子啊，"他的保安同事拍着他的肩膀说："羡慕吧？你要是想进到这里念书，下辈子吧。"在众人的哄堂大笑中，甘相伟咬紧牙关，并在心里升腾起了一个愿望。

当年甘相伟高考失利后出来打工，他当过教材推销员、农民工子弟小学的语文老师。走进大学校园里读书一直是甘相伟心中一个遥不可及的梦想，他也经常带着些不服气的心思反问自己："我为什么不可以走进课堂？"

梦想需要行动才能实现。每到白天交班，这个叫甘相伟的小保安都会换下保安服，背上单肩书包，忐忑地走进教室，坐在靠后的位置旁听，生怕老师点名时会注意到他一直没有举手，更害怕同学知道他是个保安后会盯着他看个不停。

其实课堂上没有人知道他是谁，有一次，坐在他旁边的同学甚至还把他当作中文系的学生，问他最近在看谁的作品。“鲁迅的散文集《野草》。”他回答。

有时为了听课，还要和同事换班。他随身带着小纸条，记下别人提到的书籍。为了买书，他可以一连吃好几天的方便面，可以不顾别人投来的怪异目光，在岗亭里读康德。连给学生指路时，他都不忘打听：“你是哪个系的？你们系哪些老师讲课讲得好？”

有一次，他在执勤时遇到了教育学院的教授鲍威，下班后就赶紧发了一条短信过去：“鲍老师您好！我是西门保安甘相伟，很高兴认识您！请问您的课是什么时间？在哪个教室？我很想去听。”甘相伟知道哪些课有口碑，也知道如何获得课程表。对于老师的名字，他如数家珍。

一次，在社会学系旁听时，老师让大家分组讨论农民工群体的教育问题。甘相伟第二个发言。他说，北大校园里的后勤人员是中国千千万万农民工的缩影，应该让他们好好接受教育，融入燕园。可他并没有说自己就是一名后勤人员。

总是旁听，毕竟名不正，言不顺，甘相伟当着同事的面立下誓言：“我要报考北大，我一定会成功。”这次大家都没有笑，而是不屑地看着他摆了摆手：“神经病。”

保安队有近500人，每年只有20个名额可以去念北京大学为后勤人员开设的学校。入学考试极难，甘相伟硬是凭借着坚韧不拔的毅力，于2008年成功入校。这件事后，同事都有些对他刮目相看，“这小子行啊，有两下子。”可甘相伟并没有就此沾沾自喜，他在保安队的宿舍里拉上了横幅——我要考北大。同事们都劝他：“差不多就行了，人到啥时候都不能自不量力。”

甘相伟想通过成人高考考进北大，学习过程中的艰辛自然不言而喻。甘相伟觉得那个时候的自己好像成了“不倒翁”，倒下、弹起、再倒、再弹，最终他成功了，从一名保安成为北京大学中文系的学生。

看甘相伟的故事，不免要替他捏把汗。如果没有最后一次的弹起，也许这个小保安就不会迎来之后明媚的未来。人生不过如此，每一次的跌倒都会让人痛苦，然而不忍痛站起来，又怎么能知道下一步就是坦途呢?

已故武侠小说泰斗古龙先生才华横溢，无论是写剧本还是写诗歌、散文，都可以一挥而就。江湖传言，他一边与友人饮酒，一边写稿，竟然一字不改就能发表。所有业内人士都知晓他的才气，可当时大家提起他时，竟然说不出他到底有过什么经典佳作。

古龙为此非常苦恼，以他桀骜不驯的性格，让他按部就班地有计划地工作，无疑是一件相当艰难的事。可作为一个文人，如果连代表作都没有，那不得不说是一种悲哀。古龙苦思冥想后，给自己制定了一个计划，他要去写武侠小说。

武侠小说有金庸先生在前，想要写出名绝非易事，尤其古龙性格喜欢热闹，耐不住写长篇的寂寞。朋友们劝他还是放弃吧，都说写武侠小说不适合他。可古龙这次偏偏不信邪，他把自己关在书房里，闭门谢客，整日埋头写武侠小说。

古龙自己都说，开始的时候他写了撕，撕了写，反反复复，最终烦躁起来，把笔一扔，打算呼朋唤友出去玩乐。人都已经走到门口了，他一下子想到如果这次放弃，那么自己以后一定不会再继续从事武侠小说的写作，于是又重新回到书房坐下，继续自己的创作。

很快，古龙脱颖而出，他的作品成为新派武侠小说中的佼佼者，而他所创作的系列武侠小说至今仍然是读者与很多著名电影、电视导演争相追捧的经典。古龙自己都感叹，感谢自己在最后关头可以说服自己坚持下来，否则哪里还会有后来的成就。

德国有一句谚语："事情的成败以结果为断，中间的波折不足为论"。如果把成功比作道路，那么我们就是那个孤独行走的旅人，前行之路无人照拂，少人商量，关键时刻，唯有提醒自己，再试一次，再给自己一次机会，也许下一个成功的就会是自己。

战国时期著名纵横家苏秦曾拜师鬼谷子，学成返乡后，他权衡了一下天下形势，觉得自己应该去当时最强大的秦国，向秦王献上自己的良策，一定会得到渴望统一天下的秦王的重用。没想到，苏秦兴冲冲地赶到秦国后，言辞恳切地上书十多回，但秦王自认为秦国还不够强大，不肯冒险行事，不肯接受苏秦的建议。

没办法，苏秦只能败兴而归。苏秦离开家时，因为志得意满，所以说了大话。如今人们见他灰溜溜地回来，不仅朋友都离他远去，议论纷纷，就连他的家人也都认为他没本事，而不肯为他洗衣煮饭。

换作其他人，面对这等众叛亲离，恐怕会心灰意冷，从此一蹶不振。但苏秦始终认定自己是有本事之人，只不过还没有碰上成功的好时机。面对冷遇，苏秦越发奋起读书，提高自己。

经过一年的苦学，苏秦的精神意志及身心素质又提升到了一个新层次。他相信自己已达到了掌握天下大势及揣摩他人心理的境界，并自信地说："现在真的可以游说当世的国君了！"苏秦重新游说诸国，终于获得器重，挂六国相印，声名显赫。

美国著名作家露易丝在书中写道："我相信我们每个人的身上都有一种力量，这种力量可以帮助我们得到健康的身体、美好的友谊、美妙的职业，给我们带来各种各样的成功。"这种力量其实就是我们内心对成功的渴望。也只有带着这种渴望，将之化为动力，我们才有可能成为"打不死的小强"。

请相信成功之路无坦途，每个人都会经历挫折与坎坷，只要我们坚持每次倒下后都选择站起，就一定会成为最终的成功者。

Part 04

成功就在细微处

成功是一天天、一点点积累的荣耀，

是一步一步攀登而上的高峰，

从来没有捷径可循。

想要获取成功，

就从了解成功需要什么和忌讳什么开始，

从改变自己开始。

成功从来不是偶然

很多人的成功充满了离奇的戏剧性：一次突如其来的机遇，偶然与高层接触即刻碰撞出火花；陪同他人面试，结果录取的是自己……凡此种种，都在不经意间成就了一个人的传奇。面对此种情形，我们不必讶异，更无需羡慕，成功从来都不是偶然，要知道成功的那个人也许为了这个机会准备了很久很久。

几年前，一个叫宁财神的知名编剧扬言："李宇春要是能有出息，我把自己的耳朵割下来红烧吃掉。"两年后，有人催着宁财神割耳朵了。

李宇春的人生轨迹经常被视作奇迹。从一个懵懵懂懂、没有太多社会经验的小女孩，一跃成为登上《时代》杂志的令众人瞩目的巨星，这其中似乎掺杂了太多的偶然。

然而没有人知道，当初《超级女声》中那个引吭高歌的女孩在舞台下付出的辛劳汗水。李宇春还在念初二的时候，学校里举行了一场校园歌手的比赛，李宇春选唱了一首当年流行的《中国娃》。为了唱好这首歌，她不分白天黑夜不停地唱，邻居们都开始抗议:“就算是再好听的歌，总这么唱，人的耳朵也受不了啊。”功夫不负有心人，那次比赛以后，李宇春就收获了粉丝，甚至有些人为了能得到她的签名，放学后等在校园，久久不肯离去。

高中毕业那年，李宇春想开一场演唱会。妈妈给了她2000元的筹备资金。李宇春辛苦筹备了好久，精心准备了20多首歌，同学们听得是如痴如醉，不忍离去。正是因为有了这些扎实的基本功垫底，李宇春有了很多在众人面前演唱的机会。

说来也巧，当年《超级女声》海选时，李宇春的一个朋友请她陪着自己一同去，壮个胆。李宇春想，反正也来了，不如自己也唱一首吧。当时她唱完后根本没当回事直接就回了学校，但是后来发生在她身上的一切告诉我们，陪考同样是机会，也是能创造奇迹的。李宇春在那年的《超级女声》中获得了冠军！

紧接着，李宇春发行了多张专辑，《皇后与梦想》《我的》《少年中国》《李宇春》等，张张大卖，稳登国内唱片销售冠军宝座。自2006年至今，李宇春共举办了13场个人演唱会，每场演唱会均创造票房神话，其演唱会水准成为业内标杆，一票难求。她在2009年第九届全球华语歌曲排行榜颁奖礼中获得“最受欢迎女歌手”奖项，同年在韩国首尔举行的亚洲音乐节上斩获“亚洲最佳歌手”大奖，就此奠定了她在华语乐坛的重要地位。

很多人都表示李宇春是时代的宠儿，她的成功不可复制，但是没人能想到，这个从初中开始就立志唱歌的女孩，为了今天的成就付出了多少努力。成功可能是偶然，然而为了那个最终获得成功的机遇，我们必须夯实自己的基础，因为成功只垂青有准备的人。

访谈类节目《金星秀》的火爆，把金星这个著名舞蹈家推到了舆论的风口浪尖，所有人都不明白，明明是个舞者，为什么可以有那么好的口才，把脱口秀节目主持得红透半边天？我们不妨来看看金星为了这次成功，到底付出了多少努力。

20 世纪 70 年代，金星开始了自己的舞蹈生涯，从 9 岁起在沈阳军区歌舞团接受专业舞蹈训练，之后毕业于解放军艺术学院舞蹈系。17 岁荣获全国首届“桃李杯”舞蹈大赛少年组第一名，20 岁成为国家公派赴美国纽约学习现代舞的的第一位中国舞蹈演员。在美深造期间，被聘为 1991 年美国舞蹈节编舞，1996 年与北京市文化局合作创建了北京现代舞蹈团。1999 年成立金星舞蹈团。

也就是金星舞蹈团的成立，让金星明白了什么叫作“巧妇难为无米之炊”。为了让团里的那些姐妹有饭吃，金星产生了必须要赚钱、赚大钱的冲动。

以金星的名气，她想出来走穴、拍电影并非难事，可难就难在语言关。虽然她会说韩语、英语、德语、法语等几种语言，可她那带着浓浓东北味儿的普通话却成了演话剧的死穴。为了练好普通话，金星每天清晨练舞的时候都反反复复地背诵贯口，天天如此，每天几个小时。

据说金星早期住在四合院时，邻居大爷家养了一只鹦鹉，金星每天早起练功的时候嘴里嘀嘀咕咕，那只鹦鹉也就跟着学啊学，结果半年过去，邻居大爷找上门来，问金星：“你能不能换换词？你总说这几句，我的鸟都说烦了，现在它都快抑郁了。”

几年的苦练，太多的艰辛，有了这些付出，才使得今天的金星在脱口秀的舞台上大放异彩。

很多人只看到成功人士在舞台上的光环，却很少有人了解在他们还是蛰伏者的时候，是如何耐心做好琐碎小事，如何在看不到希望的地方磨炼自己。

李宗盛有首歌这样唱道：“把握生命里的每一分钟……没有人能随随便便成功。”看似偶然的机缘，如果没有背后付出的努力，那么机会也会稍纵即逝。

几乎每个人都吃过蛋筒冰淇淋，却不知道这种风靡全球的甜品，其产生也是因为一个偶然。

哈姆威是西班牙的一个做糕点的小商贩，在狂热的移民潮中，他也怀着掘金的心态来到美国。然而美国并非他想象中的遍地是黄金，他的糕点在西班牙出售和在美国出售，基本上没有多大的差别，他并没有因为来到美国而赚取更多财富。

1904 年夏天，哈姆威知道美国即将举办世界展览会。他把自己的糕点工具搬到会展地点路易斯安那州。值得庆幸的是，他被政府容许在会场外面出售薄饼。

哈姆威的薄饼生意实在糟糕，附近摊位的人见他可怜，都劝他赶紧改行，做些别的生意。可是哈姆威就是不同意，他认为薄饼那么好吃，肯定会有它的销路。

哈姆威认真研究薄饼技术，努力改良薄饼，让它越来越薄。跟哈姆威的摊位相邻的是一位卖冰淇淋的商贩，这个商贩的生意很好，冰淇淋卖得非常快，很快就把用来装冰淇淋的小碟子用完了。有些商贩就开始看笑话，因为冰淇淋没有了碟子，根本就没办法卖。善良的哈姆威见状，就把自己的薄饼卷成锥形，让他盛放冰淇淋。

卖冰淇淋的商贩见这个方式可行，便要了哈姆威的薄饼。就这样，大批锥形冰淇淋出现在了顾客的手中。令哈姆威意想不到的是，这种锥形冰淇淋得到了顾客们的喜爱，并被评为那一年世界展览会上的真正明星。从此，锥形冰淇淋开始大行于市，并逐渐演化成了现在的蛋筒冰淇淋。

有人将蛋筒冰淇淋的出现称为“神来之笔”。还有人这样假设：假如当初两个商展不靠在一起，那么今天我们能不能吃上蛋筒冰淇淋还很难说。蛋筒冰淇淋出现的偶然性的背后隐藏的是哈姆威成功的必然。

成功因为偶然的出现而精彩，但没有成功是偶然的。人生的路需要一步一步走，需要坚持不懈的努力与付出。

再远大的理想也是一步步走出来的

想要成功，首先必须学会的是脚踏实地，抛掉想要一蹴而就的想法。“不积跬步，无以至千里；不积小流，无以成江海”，这句话的意思是千里之路是靠一步一步走出来的，江河大海是由无数小溪流汇集而成。再大的成功都是因做好一件件小事而最终达到，再远大的理想也是踏踏实实一步步走出来的。

京剧大师梅兰芳唱腔浑厚优美，荡气回肠，他不仅在京剧艺术上有很高的造诣，业余时间还特别喜欢画画。后来，梅兰芳邂逅画家齐白石大师，这位京剧大师亲自给齐白石磨墨铺纸，并虚心请教画画的技巧。齐白石对梅兰芳印象非常好，夸赞他是个足够好的谦谦君子。梅兰芳却笑道：“我不是什么君子，对于画画，我只是个门外汉，您才是我的老师。”梅兰芳一步步脚踏实地地跟齐白石学画画，最终他也画得有模有样。

在梅兰芳热爱的京剧事业上，他博采众家之长，这才在京剧上取得了如此高的成就。

一次，梅兰芳在演出京剧《杀惜》时得到满堂喝彩，只有一个老人叹息着摇头说：“不好。”对于老人的批评，梅兰芳没有生气、愤恨，反而主动开车接老人去自己家中，想要向老人虚心请教。

梅兰芳对老人说：“说我不好的人是我的老师。先生说我不好，必然是有高见，请赐教于学生，以便亡羊补牢。”

老人被他的谦虚打动，笑着指出：“阎惜姣上楼和下楼的台步，按梨园规定，应是上七下八，博士为何八上八下？”

梅兰芳点头承认，连声称谢。在以后的表演中，梅兰芳开始注意细节，以求更完美的艺术效果。这次虚心请教让梅兰芳的表演又上了一个新台阶，最终成为首屈一指的京剧大师。

荀子曰：“不积跬步，无以至千里。不积小流，无以成江海”。有理想有抱负固然是好，然而如果没有脚踏实地的认真积累，那么所谓的理想就会沦为空谈。只有一步一个脚印地认真去做，一点点汲取养分，才能最终取得成功，到达理想的彼岸。

胡玫是中国第五代导演，轰动一时的《乔家大院》和《雍正王朝》都是他执导的作品。当所有人夸赞她的成功时，她却低调地说：“我只是踏实罢了。”这份踏实正是胡玫工作、学习和生活的真实写照。

胡玫大学毕业后自己开了一家广告公司，为了跑下一笔笔订单，她虽然累得筋疲力尽，还是特别有耐心地面对每一个客户。一次，为了争取到一个订单，胡玫和对方公司的老板谈了一天，始终无果。她也不气馁，主动提出陪对方公司的老板打高尔夫球。当老板让胡玫亲手将地上的纸片等垃圾处理掉时，胡玫也没有气愤地拒绝，反而认真地完成，让对方刮目相看。

可是胡玫从未打过高尔夫球，自然谈不上球技，就为着这个原因，对方老板拒绝了她，理由是觉得她年轻，做不成复杂繁琐的广告生意。

胡玫说：“我会证明给你看。”果然，第三次和老板在高尔夫球场相约时，胡玫的球技已经今非昔比。老板对胡玫赞叹不已，笑着说道：“这种球技不是一朝一夕就可以练就，可见你为此也吃了不少苦头。行，我欣赏你这种韧劲，这单广告你可以做了。”

胡玫却笑了，“我不是非做你的广告不可，我只是想要你知道，我是个实实在在的人，拍广告，甚至拍电影都是我的理想，为了完成这个目标，我享受每一个为之付出的过程。”

后来，胡玫从广告业转回老本行当起了导演。十几年来，一部部优秀的作品都在诠释胡玫“脚踏实地，一步一个脚印”的生活态度。

理想并非是遥不可及的，只要我们能坚定自己的脚步，一步步走下去，取得成功是指日可待的。

全亚洲声望最高的“麦格塞塞奖”把“社区领袖奖”这一至高荣誉授予了“嘉邑行善团”的组织者何德明。何德明为什么会得到如此殊荣，这里面有这样一个故事。

一次，何德明听说他的一位朋友在骑车回家的途中不小心摔成了重伤，便前去看望。见到朋友后，他明白了事情的原委。原来朋友回家的那段路因为年久失修，路面破损严重，上面布满了坑坑洼洼，这才导致朋友摔成重伤。

何德明从朋友处离开后就喊上了几个友人，直接驱车来到那段路。修桥铺路，何德明是行家，他的工作和水利有关，所以对土木工程极为在行。为了防止别人再像朋友一样摔伤，他和友人们用了一个晚上的时间把路面修复整齐。

这件事情过去几天后，一则新闻又让何德明揪心不已。乡下的一对小兄弟在暴雨天气里过河上学，却因为木桥年久失修，两人双双掉入河中溺水身亡。

听到这个不幸的消息，何德明突然萌生出造桥行善的念头。这也是他发起“嘉邑行善团”的初衷。当他把这个想法讲给亲戚朋友听的时候，一开始别人不是没有疑议，“我们能行吗？就凭我们几个人的力量？”面对亲戚朋友的质疑，何德明肯定地说：“只要我们努力了，坚持了，没有什么做不到的。愚公都能移动一座大山，我们这几个人怎么就不能造出一座大桥呢？”

从那时起，何德明开始认真地计算、规划、勘察。他从最急需修补的路、桥开始，率领着仅有的几个人，蚂蚁搬家似地借助简单的工具开始了施工。

于是，在多年前的嘉义市的夜晚，人们经常会看见这样一群人，他们手持简单的工具，用最原始的方法，把破损的路面填平。就连经常让骑车的路人不慎跌倒的水沟，他们都小心地铺上盖板，以求给行路者一个好环境。而白天，这群人又会出现在偏远的地区修补随时会坍塌的桥梁。在蚂蚁搬家似的艰辛奋战下，这群人竟然造好了多座坚固的水泥桥。

何德明，一个普通人，他的理想是让整个台湾都拥有坚固耐用的桥梁。数十年过去了，他带领着众人，用最原始的工具，日复一日地坚持，实现了这个理想。

与许多现代人动辄拖延症上身、手头的工作都完成不了相比，成功人士身上确实有太多值得我们学习的地方。这些成功者用一件件小事在不断提醒我们，再远大的理想都是一步步走出来的。

为自己取得的每一个进步喝彩

别人取得成功时，我们不吝啬赞美之辞；自己取得进步时，是否为自己喝彩过呢？给自己掌声，大声为自己喝彩吧，这样的喝彩能激励人追求更高的目标，让自己变得更自信，更有勇气。

提起美国旅馆大王希尔顿这个名字，大家都会有所耳闻。

希尔顿的母亲觉得儿子能有今天的成就，和自己善于给他泼冷水有着很大的关系，不过希尔顿本人对此却不以为然。

当年希尔顿的资产增值到千万美元的时候，他欣喜而自豪地把这一成就告诉了母亲。谁知母亲冷冷地告诉他："这有什么可值得兴奋的，和世界首富比，你还差得太远。"希尔顿永远记得母亲的这句话，这句话让他差点儿一蹶不振，好久才从挫败的情绪中走出来。

希尔顿觉得母亲说的话虽然可以抑制自己日渐膨胀的内心，但是做对了事情却得不到夸奖，实在让人难受。他回家跟妻子抱怨，妻子笑着说："亲爱的，有些时候你为什么不表扬一下自己，非要等待别人去发现呢？"

希尔顿感觉脑海里仿佛打开了一扇窗，从此他把妻子的话运用到了工作当中。他对员工说："作为公司高层，也许我不能细微地观察到你们在工作中取得了怎样的进步，可我觉得这无关紧要，只要你们能够给予自己肯定就够了，而且我相信最终我也会感受到你们的努力与热情。"

经过希尔顿的改革，整个希尔顿旅店无论是经理还是店员，都焕发出了积极向上的工作热情。这一充满人文精神的经营策略使得希尔顿在商业上大获成功，即使在希尔顿酒店最萧条的时候，他也会每天对服务员说 ："作为服务行业，我们确实要把顾客视为上帝，但是在照顾好上帝的同时，我仍然希望你们最在意的是你们自己！只有相信自己，你们才能真心地去体谅顾客的各种要求并予以解决"。后来希尔顿酒店度过了最艰难的经济萧条时期，迎来了辉煌的时代。

直到很久以后，希尔顿酒店在员工管理上的这种创举还让顾客津津乐道。因为对于人们来说，豪华的旅店设施都相差无几，然而希尔顿酒店里每个员工的高素质，爱人如己的情怀，却是不可多得的。

我们每个人都希望自己的成就能够得到他人的肯定，这也是一种对我们的付出所给予的褒奖。事实上，最应该为我们喝彩的人恰恰就是我们自己，因为只有自己最了解自己，也最明白自己到底哪里得到了长足的进步。学会夸奖自己，这不是孤芳自赏，也不是自恋情结，而是在认真剖析自己，认清自己的优劣势之后所给予自己的信心和鼓励。

一位在海关工作的小职员，虽然每天都拼命干活，但是他一点儿也不喜欢自己的工作。为了生计，他不得不压抑着自己的情绪，没想到最后还是被老板解雇了。他满心忧虑地回到家中，询问妻子以后怎么办。妻子告诉他："被解雇了不是很好吗？反正你也不喜欢做小职员，现在你可以有大把时间做你真正喜欢做的事情了。"这时他才想起来，自己一直最喜欢写作，可是以前因为上班太忙，根本就没来得及顾上。

从那以后，这个小职员开始在家里进行写作。他的心情比在海关上班时轻松愉快多了，不过收入在锐减。每次他看着报纸上刊登的自己的作品时，都暗暗对自己说："你写得越来越好了，加油！就算全世界都不看好你，可我认为你行。"就这样，他快乐地继续写下去。

有一天，一部令世界文坛震惊的鸿篇巨著《红字》诞生了，这部文学巨著的作者就是那个曾经的海关小职员，他的名字叫霍桑。

法国启蒙思想家、文学家伏尔泰曾经说过："这个世界之所以美满，就在于有缺陷，就在于有希望的机会，有想象的田地。"换句话说，世界有缺陷，我们也不完美，善于发现自己的长处，扬长避短，适当地给自己以鼓励，那么成功其实距离我们并非那么遥远。

台湾有一家连锁羊肉炉店的生意特别好，开了 20 多年，一直都是宾客盈门。羊肉炉是中华传统美食，大家私底下都说："这家店的羊肉无论是刀工还是火候，都掌握得恰到好处，听说老板还是半路出家开店，从一家街头小吃变成现在的连锁店，他一定是个心灵手巧之人。"

一次，台湾著名作家林清玄来到这家羊肉炉店吃饭。老板亲自出来迎接，并且盛情宴请了他。

林清玄看着素不相识的老板很是诧异，他问老板：“你我好像并不认识？”

老板沉吟了片刻，问林清玄：“你可曾记得你做记者的时候报导过一桩失窃案？”

林清玄点了点头，他对这桩案件记忆犹新，因为当时那个小偷的作案手法非常隐蔽，犯案上千起，竟然风格各不相同。他在文章的最后感叹道：“心思如此细密，手法那么灵巧，风格这样独特的小偷，又是那么的斯文有气质，如果不做小偷，做任何一行都会有成就的吧。”

老板看着林清玄笑了：“你的这句无心的赞美改写了我的一生。”说完，老板向林清玄伸出了双手。

林清玄看着老板那双修长细腻的手，恍然大悟：“难道，你就是……”

老板点了点头，“林先生写的那篇特稿打破了我生活的盲点，我想为什么除了做小偷，我没有想过做正当事呢？所以我开了这家店，直到现在，共开了 20 家分店。”

那晚，林清玄和老板对坐痛饮，直至天明。

人的情绪所带来的心理暗示对事情的成败起着巨大的作用。当我们生气郁闷时，我们就是在潜意识里谴责自己，如此必然产生消极的影响。相反，如果我们肯适当地鼓励自己，表扬自己，继而发掘自己，那么就会更加有利于我们把握将来，让我们处于主动的位置，最后到达成功。

改变不需要马上，而是每天进步一点点

“不爱那么多，只爱一点点”，由台湾作家李敖的诗改编的歌曲被人们广为传唱。一点点虽小，然而“窥一斑而知全豹”，以点带面，就会让人知晓我们的真情实意。

在成功的路上，努力进取而产生的改变也是如此，没有人能一夜成功，与其强求自己，不如给自己一些时间，让自己每天都进步一点点。

如果给你 100 个杂乱无章的数字，你多久可以背下来？这不是一件容易的事情，大多数人面对这个挑战都会头疼不已。然而有这样一个少年，他能在 100 秒内记住这 100 个数字，这位记忆达人就在中国，现已蜚声世界。

记忆达人的名字叫王峰，出现在广州第 19 届世界脑力锦标赛上时年纪刚刚二十出头，他以打破 5 项世界纪录、9486 分的总成绩脱颖而出，战胜了来自世界各地的记忆力高手，为中国首获该赛事团体冠军立下汗马功劳。

世界脑力锦标赛是一个非官方性质的比赛，是由“世界记忆之父”托尼博赞于 1991 年发起，由世界脑力运动委员会组织的世界最高级别的记忆力赛事，每年举办一次，俗称“脑力奥林匹克运动会”。

王峰从学习记忆到登顶“世界记忆之王”，只用了短短 1 年零 9 个月，此前他的记忆力很一般。

王峰对记忆之法开始感兴趣源于一次偶然。那天，他从学校食堂出来，无意间看到了一个“大学生记忆协会”的宣传牌，顿时好奇起来。他以前记忆力一直不好，经常是晚上背过的单词，第二天早上便忘得一干二净，于是他走过去询问：“记忆力不是天生的吗，还能用后天的方法改善？”协会的同学很肯定地告诉他可以，他便欣喜地报了名。从此，王峰真正体会到了记忆训练的苦与乐。

在学习记忆法的第一个暑假，王峰没有回家，而是待在了“火炉”武汉，为备战当年 11 月在英国举行的第 18 届世界脑力锦标赛做艰苦的集训。一个多月的时间，王峰进步神速，达到了记忆大师三项标准之一——两分钟内记忆一副无规律扑克牌。

随后，他在英国伦敦第 18 届世界脑力锦标赛上技惊四座。初次参赛的他以 1 小时正确记忆 1984 个数字的成绩打破了世界纪录，获得银牌。

初战告捷，王峰尝到了艰苦之后的乐趣，也坚定了挑战冠军的信心。可让王峰苦恼的是，他发现自己不再进步，总是保持在当前的水平。他的师傅提醒他：“我们其实都是普通人，世界上的天才只是凤毛麟角，你想要获得改变，这是好的，是值得鼓励的，可迈向成功的道路怎么可能一蹴而就？你不妨从现在做起，哪怕每天只能有一点点进步，那也是非常值得骄傲的事情。”

王峰听从了师傅的话，每天练功，一天不落，最终，他在广州第 19 届世界脑力锦标赛上取得了骄人的成绩。王峰将成功的原因归结为有坚定的目标，每天进步一点点。

前些日子，日本一家报纸刊登了一道方程式，受到大家的热议。

1.01 的 365 次方 =37.78343433289 >1

1 的 365 次方 =1

0.99 的 365 次方 = 0.02551796445229 <1；

365 次方代表一年的 365 天，1 代表每一天的努力，1.01 表示每天多做 0.01，0.99 代表每天少做 0.01，我们看一下这里的差别。365 天后，一个增长到约 37.8，一个减少到约 0.03！每天多做一点点，或者说是每天进步一点点，那么一年下来，我们简直是取得了质的飞跃。将这种理论运用到事业上，我们离成功还会远吗?

提起大卫·科波菲尔这个名字，相信喜欢魔术的人都知道。大卫·科波菲尔 1956 年出生于美国新泽西州一个俄罗斯移民家庭，他从小就对魔术有着浓厚的兴趣。当这个性格内向、容易腼腆的少年发现用自己的智慧设计的魔术能赢得同伴们的赞赏时，他信心倍增。12 岁时，大卫·科波菲尔已经能够熟练地进行魔术表演，可以与职业魔术师媲美。不久，他加入全美魔术家协会，成为这个世界著名魔术组织中最年轻的成员。1972 年，年仅 16 岁的大卫·科波菲尔便开始在纽约大学为艺术系的大学生讲授魔术课程。

1974 年，大卫·科波菲尔从新泽西州的麦森特高中毕业后，进入福特哈姆大学学习。这时，芝加哥《魔术人》轻歌剧剧组邀请他领衔主演这部新型歌舞魔术剧。大卫·科波菲尔中断了仅开始三个星期的大学生活，全力投入到《魔术人》的创作中。这时问题来了，大卫·科波菲尔发现以他现在所会的魔术已经完全应对不了当前的工作，他陷入到了深深的迷茫之中。

大卫·科波菲尔不仅需要设计剧中所需要的全部魔术，还必须做到推陈出新，然而这位年轻的魔术师此时觉得自己已经走入了一个死胡同，毫无头绪。他开始一次次地激励自己，然后又否定自己，他甚至觉得长期这样下去，自己肯定会疯。

大卫·科波菲尔的家人安慰他说："如果想不出新的玩意儿，就不如先把这些放一放，去做些别的事，也许还会增加些灵感。"于是大卫·科波菲尔听从了家人的建议，暂时不想魔术，而去百老汇看起了歌舞，并且饶有兴致地把歌舞场次与安排以及其他细节都记录了下来。时间一长，他觉得自己好像成了歌舞剧的导演，甚至比导演还要熟悉舞台剧应该怎样运作。

有一天，大卫·科波菲尔看着自己记录的笔记，突然计上心来，自己可不可以尝试将魔术和歌舞融合呢？这可是魔术舞台上从未有过的创新！想到就做，就这样，大卫·科波菲尔创造了以载歌载舞的形式表演魔术的风格，使《魔术人》音乐喜剧别具一格，成为芝加哥历史上连续上演时间最长的音乐喜剧。

《魔术人》演出结束之后，大卫·科波菲尔回到了纽约。接下来，他在进一步总结经验的基础上完善和发展自己的魔术风格，从而成为从同行中脱颖而出的魔术明星。

在大卫·科波菲尔20岁的时候，他应美国哥伦比亚广播公司总裁弗富德·西尔弗曼的邀请，担当起ABC广播电视公司一个新的集锦式电视特别节目的主持人。这个节目名为《ABC的魔术》，由大卫·科波菲尔和来自ABC电视网的其他14位明星联合演出。那些明星都很纳闷大卫·科波菲尔的灵感来自哪里，用大卫·科波菲尔自己的话说，灵感“绝对不是头脑发热，或者是灵光闪现，而是每天一点点的知识积累，当你每天都在进步的时候，你就绝不会发愁没有灵感。”

涓滴细流最终可以磨损那些巨大而坚硬的石块，不是由于涓涓细流的力量大，而是由于昼夜不舍的滴坠。就好比我们想要取得成功，想要改变自己，其实不必操之过急，只要每天进步一点点就行了。

成功是一种习惯

俗话说，思想决定行动，行动决定习惯，习惯决定品德，品德决定成功。习惯对我们的生活有着绝对的影响，因为它是连续存在的，在不知不觉中影响着我们的人生，左右着我们的成败。

成功人士之所以成功，在于他有不同于常人之处，而所谓的不同之处，其实就是他们那些良好的习惯。

齐白石是绘画大师，世界文化名人，他的艺术成就令人敬仰。

熟悉齐白石的人都知道，他之所以能在绘画上取得巨大的成功，与他的一个习惯有着莫大关系，那就是他非常珍惜时间。齐白石要求自己每天必须完成五幅画作。他时常用一句警句来勉励自己："不教一日闲过"。带着这样的信念，齐白石多年坚定不移地坚持每天完成五幅画作，即使在 90 高龄的年纪还坚持这么做，并被朋友们传为美谈。

齐白石 90 岁生日时，他的家人、朋友和学生来庆贺他的生日。那天家里欢声笑语，觥筹交错，好不热闹。虽然大家都知道齐白石的习惯，本该早早散去，让他完成每天的任务，可是又一想，今天是他的生日，何况他都 90 岁了，破例一次也没什么。于是在喜庆的气氛中，齐白石一直忙到很晚才将最后一批客人送走。

累了一天的齐白石靠在沙发上昏昏欲睡，但他记得自己今天的任务还没有完成呢，便坚持来到书房作画。由于过度疲劳，难以集中精力，一直画不好。家人一再劝阻，他才去休息。第二天，齐白石早早就起了床。家人怕他累坏身体，都劝他再多休息一会儿，他却十分认真地说："昨天客人多，我没有作画，今天可要补上昨天的'闲过'呀！"于是他用了一天时间完成了十幅画。从那开始，再也没有人敢浪费他的时间了。

美国心理学之父威廉·詹姆斯说："播下一个行动，收获一种习惯；播下一种习惯，收获一种性格；播下一种性格，收获一种命运。"好的习惯很多很多，哪怕只要坚持住一个，都会使我们的人生受益无穷。

古时候，因为科技还不发达，人们对自然界产生了很多误解。一度人们相信蜾蠃（又称土蜂）将螟蛉（一种绿色小虫）变成儿子这个荒唐的传说，由此延伸，人们也将养子称为"螟蛉子"。南朝时，一个叫陶弘景的人对此产生了疑问。

陶弘景在村边的菜园子里找到一窝蜾蠃，于是蹲在菜地里聚精会神地观察，一看就是一整天。通过持续观察，陶弘景发现蜾蠃有雄也有雌。许多天后，他终于揭开了蜾蠃衔螟蛉的秘密。

原来蜾蠃有自己的后代，螟蛉是被蜾蠃衔到窝里给幼虫当食物的，根本不存在“螟蛉义子”这回事。

这件事让陶弘景领悟到凡事最好亲自搞清楚，绝不能人云亦云。从此他养成了凡事细心观察的好习惯，这习惯让他受益匪浅，成功撰写《本草经集注》七卷。《本草经集注》是陶弘景在古籍《神农本草经》的基础上吸收魏晋期间药物学的新成就撰写而成，书中共记载了730种药物，对后世本草学的发展产生了很大影响。

成功者总是在某些方面拥有一些好习惯，有时候这些习惯并不是多么特殊。大多数人都能够照着学，只是很多人不能够持之以恒，最终半途而废。

我国杰出的经济学家王亚南在经济领域做出了巨大的贡献，每当有人和他探讨成功的法则时，他就会笑着回答：“我不懂别人是如何成功的，我自己认为良好的习惯才是保证成功的首要条件。”

王亚南在读中学时，一开始学习成绩并不是很好，他比较贪睡，不像其他同学那样进行早读。为了争取更多的时间读书，他特意把自己睡的木板床的一条腿锯短半尺，使那张床成了三脚床。他总是深夜读书，耐不住疲劳时便上床去睡觉，只要他在床上翻个身，床就会向短腿的方向倾斜过去，他一下子就会被惊醒，接着便立刻披着衣服下床，继续伏案夜读，天天如此，从未间断。这个习惯终于改变了王亚南成绩不佳的状况，后来他年年考试都能取得优异的成绩，被誉为班内的“三杰”之一。

马克思曾说过：“良好的习惯是一辆舒适的四驾马车，坐上它，你就跑得更快。”这句话形象地告诉人们，要想在事业上取得成功，就必须有好的习惯。

好习惯有助于成功，坏习惯则恰恰相反。如果说好习惯是助力我们成功的清风，坏习惯就是阻挡我们行进的绊马索。

好习惯能成就一个人的人生，当你拥有的习惯能为你的人生助力，你便具备了成功的潜质。

机会总是属于随时准备着的人

懦弱者错失机会，聪慧者善于抓住机会，而一个试图有所成就的人则会创造机会。

上天给予每个人的机会大多是均等的，有人成功，有人失败，追根究底，无非就是没有把握住机会。抱怨上天没有给我们机会，不如说是在机会来临之际我们还没有准备好。

近几年的春晚舞台上，吉林小伙子李玉刚的精彩演出获得好评无数。当初他在《星光大道》上一炮走红，立时红遍大江南北，拥有粉丝无数。很多知情人对他的评价是："李玉刚的成功源自他善于捕捉机会的智慧。"

李玉刚出生在贫困农家，他曾因家里承担不起昂贵的费用而忍痛撕毁了来自吉林艺术学院的录取通知书。之后，倔强的李玉刚扛起背包离开了家，临行前他对母亲说："儿子就算不去正规院校读书，也会坚持走艺术这条路。您放心，不混出个样来，我绝不回来。"

话说出去容易，要实现却难。为了生计，李玉刚来到长春一家歌舞厅当服务员。李玉刚干活非常勤快，半年后才终于有了一次登台的机会。可当他登上舞台时，看着舞台下那一双双眼睛，黑压压的头，双腿儿不住地抖。拿着话筒，李玉刚竟然说不出一句完整的句子，在观众的喝倒彩声中，李玉刚哭着跑下了舞台。

最初离家在外的那些年，李玉刚连温饱都解决不了。一次，母亲生病，李玉刚急着回家，可他摸摸口袋，发现竟然买不起一张车票，实在没办法，只好逃票回家。李玉刚胆战心惊地坐在车厢里，那一刻他发誓，自己以后一定要开着车风风光光地回去见家人。

偶然间，李玉刚听一个同行说北京一家大型歌舞厅找替补演员，他立即觉得机会来了，马上央求朋友介绍他去。之后，李玉刚凭着一把好嗓音被那家歌舞厅留了下来，不过还有一个规定：在没有演出时，李玉刚要负责打扫卫生，歌舞厅每天只管饭，不给工资。面对这样苛刻的条件，李玉刚却并不介意，他心里想的是“只要能让我上台就行”。经过近一年的苦苦等待，李玉刚终于捕捉到了一次改变自己命运的机会。

那几年，歌曲《为了谁》风靡全国，歌舞厅安排李玉刚与一位女歌手演唱这首歌。由于演出效果非常好，李玉刚两人演唱的《为了谁》成了歌厅的保留曲目。谁知有一天，演出就要开始了，女歌手却不知去向。李玉刚心急如焚。

正当艺术总监请老板拍板换节目时，李玉刚鼓足勇气向老板提出了一个大胆的请求：“男女声由我一个人唱。”老板有点儿不敢相信自己的耳朵，两眼直直地看着李玉刚，似乎在想着什么。几秒钟的沉默后，老板开口说："看你平时唱得还行，那就试试吧。"当时在场的所有人都替李玉刚捏了一把汗，他能行吗？

然而令人吃惊的是，李玉刚竟然声情并茂地把这首男女声的歌唱了下来，而且女声部分演唱得阴柔细腻、圆润高亢，活脱脱就是甜美的女声。一曲终了，观众席中立即爆发出雷鸣般的掌声和喝彩声。

无名小子李玉刚一下子在歌舞厅火了起来，他的演唱成了歌舞厅的经典节目，他成了歌厅的"台柱子"。

这次意外的勇敢一试使李玉刚在捕捉到机会的同时，也看到了自己演唱的潜力，于是萌生了男扮女装演出的想法。从此李玉刚开始步入了实现梦想的快车道。他耗尽积蓄四处拜师学艺，历尽千辛万苦先后得到了著名声乐教授邹文琴、知名舞蹈家沈培艺、京剧男旦表演艺术家胡文阁、化妆大师毛戈平等人的指导和教诲。经过五年的刻苦学习、训练，最终李玉刚在央视《星光大道》节目中一举成名。如今，他已经成为央视和国内一些大型演出活动中的常客。

中国有句古话：台上一分钟，台下十年功。机会偏爱有准备的人，要想抓住机会，与其羡慕别人的机遇好，羡慕命运对别人的青睐，羡慕别人的成功，不如多看看那些藏在荣誉和鲜艳背后的艰辛付出。

拿破仑·波拿巴是18世纪法国著名政治家、军事家，法兰西第一帝国和百日王朝皇帝，他的这些人生履历众人皆知，却鲜有人知道这个著名人物曾经只是一个小小的尉级炮兵军官。

1793年，拿破仑被派往前线，参加进攻土伦的战役。正当革命军前线指挥官面对土伦坚固的防守犯难的时候，拿破仑抓住这个机会，直接向特派员萨利切蒂提出了新的作战方案。上级看拿破仑的方案很有新意，就立即任命拿破仑为攻城炮兵副指挥，并提升为少校。拿破仑抓住这个机遇，在前线精心谋划，勇敢战斗，充分显示出他的胆识和才智，最后攻克了土伦。拿破仑因此荣立战功，并被破格提升为少将旅长。一个普通士兵至此开启了他传奇的一生，之后一步步登上权力顶峰。

法国著名微生物学家巴斯德指出："在观察的领域里，机遇只偏爱那种有准备的头脑。"有的时候，成功凭借的是过人的反应与平日里细心的积累。

南非第一位黑人总统曼德拉曾经因为自己反对种族歧视的主张而被捕入狱27年。当曼德拉出狱并赢得总统一职后，还是有歧视黑人的事件发生，并且明目张胆地将矛头指向曼德拉本人的黑人身份。

2000年，在南非政府总部大楼的一间办公室里，工作人员像往常一样打开电脑办公，然而电脑上出现的开机画面让所有人都惊呆了：曼德拉总统的头像逐渐变成了一只黑猩猩！整个政府部门和南非的黑人民众都为之愤怒，社会上掀起了一股反对歧视思潮。

当曼德拉听闻了自己的"黑猩猩形象"之后，他没有像同事们那样愤怒，而是非常平静地说："我的尊严并不会因此受到损害。"几天后，在参加南非地方选举投票时，当投票站的工作人员例行公事地对照他身份证上的照片与本人是否相符时，曼德拉慈祥地一笑，说："你看我像大猩猩吗？"逗得在场的人开怀大笑。之后，在一所农村学校的竣工典礼上，曼德拉幽默地对孩子们说：“黑猩猩看到你们有这样的好学校，也会十分高兴呢。”话音刚落，数百名孩子都开心地笑了。

面对别人的恶意嘲讽，曼德拉反而捉住了机会，为自己赢得了民心。他的尊严不仅没有因此受到伤害，而且得到了人们的称赞和敬重。

我们要牢记高尔基说过的一句话：“生活就好比打仗，它的规律很简单，不要坐失良机。”

在工作中找到成就感

近几年很流行一个词叫“职业成就感”，意思是说，我们不要为金钱而工作，应该把工作变成一种热爱。在工作中找到快乐，让完成工作的成就感成为我们热爱工作的原动力。

2004 年，百度搜索流量首次在中国超越 Google。6 年后的 2010 年 3 月 15 日，百度再次实现超越，在有“全球资本市场风向标之称“的纳斯达克，百度股价首度超越 Google，写下纳斯达克新的传奇。

百度，这家创立仅 11 年的中国互联网公司，在李彦宏的带领下已经成为全球关注的焦点，而创始人李彦宏则是典型的在工作中寻找成就感的人物。

对于 20 世纪 90 年代留学美国的中国学生来说，大多数人都是抱着读一个博士学位的目的去的。有了美国大学的博士学位，就相当于镀了一层金，最起码可以回国后去大学里当教授。但是就读于美国布法罗纽约州立大学计算机系的李彦宏却选择了一条与大多数人不同的路，他在获得博士入学资格之后竟然毅然放弃了这一机会，选择直接进入企业工作。

李彦宏的第一份工作是去华尔街做实时金融信息检索，这份工作让他获得了很高的收入，才 26 岁就可以租得起一套公寓，并买了属于自己的新汽车。如果换作其他人，可能就会因此满足了，安安稳稳地过着小日子。可李彦宏却选择了辞职，原因无他，只是因为这份工作不再能给他带来成就感。

在华尔街，李彦宏有两个重大发现：其一，他发现股票市场上 IT 企业有巨大潜力；其二，他结合自己所学习的页面链检索技术，发现有必要发明一种有效的互联网搜索技术。

在加拿大的一个互联网技术大会上，李彦宏向硅谷公司的高级技术人员讲解了自己的“超链分析技术”，让这些 IT 巨头们看到了李彦宏的价值。最终李彦宏成为当时硅谷最年轻的产品经理，在 30 岁那年成了百万富翁。

从华尔街到硅谷，李彦宏都是职场中的成功者，原因在于他始终都没有离开过自己所喜爱和擅长的搜索行业。“李彦宏是当今中国年轻企业家的优秀代表，百度在高科技的领域里打出一片天地，很给中国的民族企业提气。”企业家柳传志这样评价李彦宏。

复制李彦宏的成功方程式显然对多数人来说并不现实，但是我们从他光彩熠熠的职业生涯和创业故事中可以得到许多启发，其中一个启发就是做自己喜爱的工作，并在工作中找到成就感，更容易让我们取得成功。

亚马逊总裁，被誉为“乔布斯后第一人”的贝索斯，也善于在工作中收获成就感。

28岁的贝索斯从美国普林斯顿大学电机系毕业后，因为聪明，很快就跳到华尔街避险基金担任副总裁的职位。这份被同龄人羡慕得红了眼睛的工作没过多久就被贝索斯放弃了，因为他不满足于一份不能带给自己成就感的工作。

当31岁的贝索斯看到因特网每年将会以23倍的惊人速度成长后，他毅然前往西雅图，开始在网络上卖书。

从1997年到2000年，贝索斯几乎生活在掌声中。跟乔布斯不同，贝索斯很容易亲近。在公司的化装舞会上，他打扮成仆人，手持道具托盘，跟扮成女仆的妻子共舞；在一档脱口秀节目中，他趴在地上表演如何使用随身马鞍。《富比世》杂志曾经形容他是“一位天生的好人”，《财星》周刊说他“谦逊得让人没有戒心”。

然而谁都没有想到，在之后短短一年时间内，亚马逊的市值缩水到原来的1/7。投资人不满亚马逊的主要原因是亚马逊上市6年后就已经亏损超过30亿美元。更重要的是，贝索斯似乎不打算赚钱。他被指控的“离谱行径”太多，众多投资人纷纷倒戈，他们的理由是“不能拿着我们的血汗钱，让你去满足你那漫无章法的成就感。”

2010年1月，《哈佛商业评论》写下短语：“亚马逊：破产边缘”。亚马逊所做的一切跟管理学教的“效率至上”原则完全相悖，当时对手多把仓库物流外包，以达到轻资产、无库存的目标。特别是当亚马逊的竞争对手——全美第二大零售商塔吉特决心要做网络销售反制亚马逊的时候，亚马逊还向对方提供技术服务，让消费者可以在塔吉特网站下单出货，这几乎令所有人都认为贝索斯应该去看看神经科医生了。

亚马逊在最低潮的时候，华尔街骂亚马逊“死定了”，贝索斯被认定是一个疯狂而且不可控的领导人。投资人觉得贝索斯就是在用别人的钱满足自己的欲望，从而在这种疯狂行径中找到成就感。

出乎意料的是，在大家毫无预期的情况下，亚马逊转亏为盈。这下子，连《经济学人》与《商业周刊》都搞不懂该如何评价贝索斯这个人了，而且直言“我们不知道该如何定位这家公司！”

实际上，贝索斯只是个普通人，他之所以能在各种弹劾声中坚持下来，只是因为他坚信自己的创业理念。

“我相信每一天都仍然是第一天”，亚马逊自上市以来，在每一年的年报中，贝索斯都会把这这句话附在最后。他告诉所有人，“我的想法从来没变过”。

幸好塔吉特从未忘记过自己的梦想，所以才会在工作的艰辛与挫折中一次次立于不败之地，始终享受着用工作来满足自己那“漫无章法的成就感”，最终成就了今日的“电子商务帝国”传奇。

如果我们只是为了工作而工作时，那么遭遇困境时，放弃可能会是我们唯一的选择。可当我们喜欢一份工作，并且能够在其中体会到成就感，获得满足感，那么我们就一定会坚持到最后，直至看到曙光。

10个让成功摇头的坏习惯

成功是一个由各种好习惯日积月累从而厚积薄发的结果。如果没有那些有利于成功的好习惯作为奠基石，成功便只能是海市蜃楼。

同理，失败是各种坏习惯的堆积，一个人若懒散度日，遇难则退，做事虎头蛇尾，做人言而无信，很难最终获得成功。

从今日起，改掉那些阻碍成功的坏习惯吧！

一、拖延目标，明日复明日

拖延症是埋没才能、阻碍成功的罪魁祸首，不仅如此，它还会影响到我们生活的许多方面。先放放，明天再开始吧，都和朋友约好去聚会了；那个计划下次再说吧，反正这次资金不够……如果我们总是因为诸如此类的理由来拖延要完成的目标，那么就等着吧，目标大概永远是目标，不会变成成果了。

拖延绝对不是成功的好友，若不克服它，便会延缓我们实现梦想的脚步。明日复明日，明日何其多，从今天起，努力去做，成功才指日可待!

二、不能坚持到底，轻易放弃

山重水复疑无路，柳暗花明又一村。世间的道路总是曲折的，要完成梦想，必然要遭遇挫折和阻碍。如果遇到困难时轻易就心灰意冷，选择放弃，那么结果可想而知。

要放弃，就放弃那些“我试过了，不行”“我失败了，算了”的想法吧！要知道，就像《真心英雄》那首歌里唱的，谁又能随随便便成功？每一位成功的人都是付出了无数的努力，经历了多年的等待才抓住机会的，即使有“天上掉馅儿饼”的好事，也得坚持进取才能守住成功的光环。

三、喜欢说“这不可能”“我做不到”

有些人的想法里充满了“这是不可能实现的”“真的，我做不到”这一类的消极想法，显而易见，事情还没开始，他就已经失败了。若连自己都不相信自己，还有谁会相信你呢？抱着“不可能成功”这样的念头去做事，其能力的发挥必然受到限制，又怎么可能将事情做好？

没有什么比信念更为强大有力了，只有它能带领我们去实现理想，甚至实现那些不可能的梦。因为事实证明，有很多原本让人觉得不可能的都变成了现实，比如飞上太空，再比如登上月球。有志者，事竟成，我们的潜能与这个社会、身边的环境或其他东西都无关，只和我们的信念紧密相连。

四、不吸取教训，一再重犯

几乎人人都知道“失败乃成功之母”这句名言，可并非每个人都懂得从失败中吸取教训。错误可以教会我们许多东西，犯错也是一次宝贵的积累经验的机会，如果犯了错却拒绝认错，下一次很可能还会在同样的地方摔上一跤。

事实上，那些今时今日风光无限的成功人士所犯的错误、所遭遇的失败未必比其他人少，区别只在于他们善于总结和改进，不让自己重复同样的错误。

五、大话连篇，言而无信

生活中，有一些人喜欢滔滔不绝地说大话，尤其是酒酣耳热之际，要么大谈自己的梦想是多么宏伟，计划是多么完美，要么就拍胸脯、拍桌子与对方称兄道弟给出承诺，结果说完了，他就忘记了，自己的计划没实施，答应别人的事也根本没兑现。

不管是怎样吹牛，这种大话连篇却言而无信的行为都是不可取的，不仅暴露了自己的浅薄，更影响了他人对自己的信任，也许无意中就“吹”走了合作的机会，所以还是管好嘴巴，多做事情吧!

六、怨天尤人，从不自省

怨天尤人的思想根植在某些人心中，这种人一旦成功了，便认为是自己的功劳；如果失败了，则有诸多借口，比如行业不好做、市场不景气、资金不充裕等。他们很少在自己身上找原因，总是喋喋不休地抱怨，怪天气，怪同事，怪合作伙伴，甚至怪朋友和家人给予自己的支持和帮助太少。被如此多的负能量围绕，任何成功都会被吓跑。

抱怨于事情本身毫无裨益。当然，人都是有情绪的，偶尔抱怨一下也无可厚非，但过多的抱怨只会招人厌恶，破坏人缘不说，还平白浪费了自己的时间和精力。要知道我们花在抱怨上的每一分钟，原本是可以用来创造更多美好、做出更多成绩的。

七、做事不注重细节

大事是由小事来成就的，注意了细节，才能将事情做到最好、最完美。

有人可能觉得自己的本性就是大大咧咧，只要不犯错就好了，别人不会见怪。有人可能会辩驳，不是要放眼全局吗，老盯着小事算什么。

然而事实是很多错误、很多失败就隐藏在那些看似不起眼的细节中，而很多机会、很多成功也有赖于完美的细节。细节对于成败而言的确起着决定性的作用。大大咧咧地做事，也许一不小心便给自己布下了失败的陷阱。

八、纠结于过去和未来，而不活在当下

过去我曾如何如何，未来我要如何如何，很多人容易沉湎在这两种空想思维里不可自拔。

为过去的事情悲伤，为曾经的辉煌得意，或者用未来的成功画饼充饥，而不活在当下，错误地认为去努力、去争取、去改变都是浪费时间、毁掉成功的行为。

无论我们从前有多痛苦、多失败或者多幸福、多风光，过去的已然过去了，那些“假设当时我那么做”“如果还能回到那时”的想法对今天和未来都不会产生任何作用。停止空想，站起来去做任何对实现目标有益的事，有朝一日才能与梦想干杯。

九、懒散度日，办事拖拉无效率

无论是私下为自己的梦想做准备，还是在公司里办事，拖拖拉拉绝对是成功的天敌。做一件事，上午拖到下午，今天拖到明天，越拖越不想做，更影响到了他人对自己的看法。可以想象，哪个领导愿意将重任委托给这样的人呢？

要想成功，最重要的就是真正去做事情，尽力做好事情，及时做完事情。只有这样，一个个小目标才能及早实现，大目标的达成也就不远了。

十、低情商，不懂调适情绪

有研究表示，情商比起智商，对于成败有着更重要的影响力，能决定人的命运。

在追逐事业成功的道路上，情绪的管理格外重要，如果不懂得及时调适情绪，将那些垃圾情绪清理掉，又如何能以积极乐观的心态去面对失败的挫折，以坚韧的毅力去克服困难坚持前行？

人人都有社会性，都免不了和人交交往。成功之路也免不了与人同行。若总是受到私人情绪影响，将愤怒、埋怨、消极等写在脸上，又谈何赢得好人缘、积累人脉呢？

当不良情绪纠缠自己时，请试着去甩掉吧。一件自己喜欢做的事，一段旋律优美的音乐，一次与朋友的倾谈，或者用几分钟来闭目养神，都可以让我们更快轻松起来。

成功可能就藏在额外的工作中

波特·埃里斯曼，阿里巴巴前高级副总裁，公司高层中唯一的美国人。亲历阿里巴巴创立、发展、国际化的全过程。他曾经说过一句话特别值得人深思，他说："完成应该完成的工作只是责任使然，如果你想要成功，那么请去参与额外的那些工作。"

波特·埃里斯曼来到中国发展，这中间的经历可谓传奇。1995年，仅仅25岁的波特·埃里斯曼就已经在中央电视台主持《外国人看中国》这档节目。

后来，机缘巧合，波特·埃里斯曼于2000年加入阿里巴巴。从这一年到2008年他离开，是阿里巴巴最艰难的创业阶段，可波特·埃里斯曼却在公司中完成了从主持人成功晋升到高级副总裁的蜕变。

2000年的年中，阿里巴巴香港战略团队说服马云，让他认同要建立一个全球贸易平台，必须将公司从杭州搬到美国硅谷。“硅谷才是全球互联网公司的中心”，这个理由听起来充分得不容置疑，于是阿里巴巴的英文网站和核心管理团队很快搬到了硅谷，并在数月之间雇用了 30 多名当地员工。

当时，波特·埃里斯曼觉得对一家中国公司而言，在硅谷设立办公室是一件十分值得骄傲的事，于是他带领团队到达硅谷后，不停地招兵买马，美国员工队伍不断壮大。“但事实证明，这是一个灾难性的决定。”波特·埃里斯曼回忆说。

因为时间、距离和语言种种因素，留在杭州的中国团队和美国团队的沟通效率十分低下，中国团队睡醒的时候，美国团队正准备下班，双方重合的时间只有 1 小时。而中国市场变幻莫测，需要公司快速做出反应和调整。当时，公司内有一项重要的工作就是时刻监测阿里巴巴中文网站上任何细小的改变，即使是一个按钮颜色的调整，都必须及时向硅谷的管理层汇报并得到授权。这些工作其实与波特·埃里斯曼无关，可是强烈的责任心与参与感让他主动承担起了这项工作，并且在没有相应报酬的情况下仍旧干得有声有色。

然而雪上加霜的是，硅谷的办公成本不断上升，同时却没有收入弥补这部分成本。与此同时，当时对互联网热情有余而商业经验不足的马云没能阻挡互联网泡沫主导的公司过度扩张，公司组织混乱到甚至都画不出一张清晰的组织结构图。“公司发展形势急转直下，很快处于危机之中。”这是波特·埃里斯曼对当时形势的描述。

阿里巴巴高层决定此时必须采取行动，对策是裁员与撤销美国办公室。波特·埃里斯曼陪着马云在美国处理了这一切。回到中国几天后，波特·埃里斯曼接到了马云的电话。

电话那端的声音在颤抖，马云问波特："我是不是个坏人？"

波特·埃里斯曼理解马云的心情，公司自成立以来一直在成长、招人，这是马云第一次辞退员工，也是第一次感到公司前途渺茫。波特·埃里斯曼鼓励了马云，并且积极参与到各项工作中，包括很多与自己本职没有太多关联的工作。最终，阿里巴巴起死回生。在这个过程中，波特·埃里斯曼立下了汗马功劳，他在与自己本职没太多关联的工作中取得了许多成功，也因此迎来了自己职业生涯中的第一次升迁。

人在职场，有些时候难免会遇到一些不在本职工作范围内的突发事件。通常情况下，人们会去找负责这项工作的人员来解决，而不是尝试自己去完成。这不能归因于懒惰，只是人们习惯了只做好自己份内的事情，而且意识不到成功就可能藏在额外的工作中。而额外的工作对我们也是一种新挑战，从中不但可以学习到新知识，还会增长阅历和工作经验，为将来的成功打下夯实基础。

20 世纪 70 年代末，一个日本的年轻人在一间小杂货店做理货员。杂货店的地理位置并不是非常好，生意很一般，所以年轻人的工作并不忙。而且在那个年代，杂货店一般在晚上 10 点钟就都关门歇业了，这个时间一过，年轻人就可以下班回家了。

年轻人的工作轻松而悠闲，一般来说，只要他将老板安排的工作做完就行，生意好不好跟他没关系，反正老板也不会少发工钱。的确如此，虽然店里生意不怎么样，可是给工人的工资从来都是按时发放的。年轻人觉得应该感激老板，于是主动揽下了夜晚给店铺做清洁的活。老板对他说，这是清洁工的工作，等清洁工第二天早上来做好了。年轻人却笑着表示自己回家也没什么事，给店里做做清洁挺好的。

一天晚上，老板和其他员工都下班回家了，年轻人却没急着走，他打算做完清洁后再关门。没想到此时店里忽然走进几个买东西的人，年轻人接待了他们。送走客人之后，年轻人又在店里多待了一会儿，结果这段短短的时间里又有几位顾客。几位晚来的顾客让年轻人产生了一个新想法，他和老板商量后，将店铺的营业时间推迟到每天晚上 11 点。当然，在这多出来的一个小时营业时间里，他必须兼职干收银员的活。

由于比其他杂货店营业延长了 1 个小时，这个小店铺因而成了附近人们深夜购物的首选地点。老板年纪大了，见年轻人干得有声有色，就把店铺盘给了他，一年过后，这个小杂货店扩大规模，营业总额达到了 2 亿日元。年轻人趁机加快发展，生意越做越大，到 2002 年的时候，他的公司总营业收入达到了 48 亿日元。这个成就大业的年轻人名叫安田隆夫，是日本赫赫有名的商人。

安田隆夫的成功只因为他无意中干了清洁工的工作，使得店铺多营业了 1 小时，没想到这却成为他崛起的关键。他后来总结道，一个人只要每天肯花一点儿时间来做些额外的工作，不管那是否与本职工作有关，日积月累，他都能取得回报。

不是每一名成功人士都有一把开启成功之门的金钥匙，而坐在公司高层位置上的，也不一定都是天才。只不过这些成功人士在对待工作时都抱有一种不怕吃亏的态度，他们不是等待别人来给自己安排工作，而是善于找到一些额外的工作给自己。因为他们都明白一个道理，成功可能就隐藏在额外的工作中。

成全别人，成就自己

按照哲学理论来讲，世界上没有一件事是偶然发生的，每一件事的发生必有其原因。就如同成全别人，看似只是简单地“舍”，无形中，却给我们种下了“得”的果。

美国南北战争结束以后，总统林肯送给格兰特将军一匹战功赫赫的骏马，用来表彰他在南北战争中所做出的贡献。格兰特当时感动得泪眼朦胧。送马这件事之所以如此触动格兰特的情感，源于战争开始之前格兰特和林肯的一次对话。

林肯问格兰特：“如果战争胜利，你最想得到什么？”

格兰特毫不犹豫地回答：“我想得到您骑的那匹战马，从小到大，我最喜欢的就是马。”

没想到林肯没有食言，真的把这匹战马送给了格兰特。格兰特当然把这匹马视若珍宝，小心呵护。

格兰特只要有时间就骑着这匹高大的马在街上巡视，没想到珠宝商格雷森却觊觎上了这匹马。夜深人静，格雷森带着巨款来到了格兰特的家，想要买下这马。格雷森来的时候信心满满，他觉得格兰特虽然贵为将军，但当时正值战后，国会因为一些误会而迟迟没有给格兰特恢复军衔，当时的格兰特可以说是穷困潦倒。

坐在格兰特对面的格雷森将2000美金朝着格兰特推了推，笑着说："只要您点头，那么这些钱就都属于您了。"

没想到格兰特却把钱推了回来，他说："快把你的钱拿走，朋友，就算你给我一座金山，我也不可能把马卖掉。"

格雷森碰了一鼻子灰，只得悻悻离去。

格雷森并未就此放弃，他想尽办法找了许多说客让格兰特放弃那匹马，可格兰特就是不同意。最后，格雷森没有办法，决定出狠招儿。他找了几个手下，包括他自己在内，全部打扮成乞丐的模样，等候在格兰特回家的路上。

格雷森佯装被格兰特碰到，倒在地上哀嚎。当格兰特紧张地下马查看，格雷森的那些手下便一拥而上，把马抢走了。这时，格雷森也一骨碌从地上爬起来，狂奔而去。路人焦急地让格兰特赶紧去追，没想到格兰特却笑着离开了。

原来格兰特一直不理解为什么格雷森那么有钱，却执意要买这匹马，后来经过多方打听，才知道格雷森有一个患有小儿麻痹症的女儿。女孩整天因为羞怯与自卑而不肯出屋。有一天，女孩在窗口看到了格兰特的马，她向往地说："要是能每天骑在那匹马上，我肯定会喜欢去外面转转。"爱女心切的格雷森才千方百计地想要买格兰特的马。

其实格兰特早就知道乞丐是格雷森装扮的，也知道格雷森死要面子，如果自己在拒绝后又主动要卖马，格雷森兴许会恼羞成怒，拒绝买入，所以这才将计就计，让他把马抢走。

时间久了，格雷森知道了事情的真相，内心十分感动。他动用自己的所有人脉和金钱，帮助格兰特恢复了官职。有一天，两个人在街上相遇，谁都没有说感谢的话，而是心照不宣地紧紧拥抱在了一起。从此，格兰特和格雷森成了莫逆之交。

单调的藩篱孤独地围绕在房屋周围时，是没有人肯赞美它的，然而当它上面爬满了美丽的野花时，顿时便能显现出花团锦簇的繁荣。野花装饰了藩篱，也因为藩篱的存在而长势更好。看似毫无用意的行为，实际上使得双方都成为得利的对象。

美国作为世界主要产煤大国，曾经经历过安全事故频发的时期。19 世纪后期到 20 世纪初期，美国的煤矿事故不断。据资料记载，仅在 1907 年，死于煤矿事故的工人就达到 3442 人。和其他各州相比，西弗吉尼亚州的煤矿的事故比例是全美最低的。为什么同样都是煤矿，偏偏西弗吉尼亚州的煤矿的安全事故少呢？要回答这个问题，就要说到一个关于成全的动人故事。

杰克和沃德两个是亲兄弟，为了养家糊口，都在西佛吉尼亚州的煤矿做井下工人。虽然都在一个州共事，可兄弟两人的工作以及休息厂区却隔着一道深深的鸿沟，兄弟俩隔沟相望，都非常担心彼此的安危。有一次碰面时，两人立下了一个约定，说好每天晚上下班后，两个人都站在宿舍的走廊上，把矿灯高高举起，互相摇晃三下，让对方知道彼此安好。

从那天开始，每天晚上，无论刮风下雨，兄弟两个都以矿灯为信号，看见对方那昏黄的灯火，才会踏踏实实地睡个好觉。

兄弟俩虽然在工作时极尽小心，可不幸还是悄然降临了，杰克在井下工作时不幸遇难。杰克的母亲恳求大家千万不要把这个噩耗告诉沃德，于是大家对沃德全都守口如瓶。那天晚上，当对岸亮起了矿灯，大家才想起了兄弟俩的约定。同事们立即举起矿灯，跑到走廊里，按照约定摇晃起矿灯。直到对方满意地关了灯，同事们才松了一口气。

从那以后，大家轮流值班，每天晚上都去走廊里点亮矿灯。一晃三个月有余。一天，一位细心的同事觉得每天只是亮灯传递信号未免没有人情味，于是私自做主买了些炸鸡，送到了对岸找沃德，说是他哥哥买给他的。可没想到，不仅沃德没找到，沃德的同事听说了他的来意，全都沉默不语。眼看事情隐瞒不下去了，沃德的同事才黯然地表示："沃德早就去世了，是工友们在天天点亮矿灯。"杰克的同事在震惊之余，也说出了自己这边的实情。这些平时顶天立地的汉子们抱头痛哭，哭声惊动了煤矿的开发者，他得知了事情的缘由，默默地走了。

这件事情过去后，煤矿开发者花巨资加固了煤矿，提高了安全系数，而工人们也感念煤矿开发者的好，干起活来越发卖力。最终，纵观全美国的煤矿，损伤事故最少、赚钱最多的正是这个名不见经传的小煤矿。煤矿开发者一个成全的善念，最终让他成为当时全美最富有的人。

有人说，想要成为一个成功者，主要任务就是要平衡各方关系、整合各方资源，不要过多地计较个人得失，才能得到自己真正想要的，这正是成全他人和成就自己的经营理念。这个世上，唯有生出成全之心，才更有可能超越自我、成就自己。

没有一条路是白走的

《乔丹自传》里有这样一句话："如果不是打了两年的棒球，我永远不知道自己是如此热爱篮球。"

当你渴望成功时，站在人生的十字路口，该如何抉择，结果怎样，没人可以预料。就算选错方向，走错路，你也会看到不一样的风景。懂得了错从何来，汲取到宝贵的经验，并因此比他人多了许多精神上的财富，人生中从来没有一条路是白走的。

印度人阿米特·库马尔是一位优秀的软件工程师，他原本生活富足，事业有成，周遭的一切都彰显着中产阶级的顺遂与幸福，然而一场突发事件给他带来了牢狱之灾。

一天中午，阿米特·库马尔正在办公室忙碌，突然电话铃声响起。接起电话，他的妈妈在电话线的另一端惊慌失措地大喊："你快到医院来！你妻子为什么会自杀？"

当阿米特·库马尔赶到医院的时候，妻子已经不治身亡。

还没等他弄明白这到底是怎么一回事，妻子的娘家人已经报警了，并对警察说是因为阿米特·库马尔对妻子进行过家暴，才导致妻子抑郁自尽。之后，警方从办案的角度出发，将阿米特·库马尔暂时拘留起来了。

对于印度的男子来说，涉嫌重大刑事案件的后果不堪设想。哪怕这件事跟阿米特·库马尔无关，他的公司也不可能再继续聘请他了。一时间，阿米特感到痛苦不堪。

在狱中，百无聊赖的阿米特·库马尔发现了一个问题：监狱的管理不够规范，囚犯无法得知自己的官司进行到哪一步、具体还需要多少时间，而监狱的管理人员也很难追踪到犯人的出庭日期，一切都需要等通知。阿米特学以致用，利用大量空闲时间进行编程，研发出一套叫作“凤凰”的软件系统。借助这个系统，监狱的管理人员只需要输入简单的信息，就可以看到每个嫌疑人的情况，工作效率有了很大的提高。

三个月后，经调查，阿米特·库马尔被无罪释放。2015 年 2 月，他创办了一家技术公司，旗下所开发的软件系统在印度哈里亚纳邦所有监狱使用，其他一些地区的监狱也在考虑引进这款软件。

原本是一场无妄之灾，可阿米特·库马尔硬是让自己没有白来一趟，并成功地将自己推送到公司总裁的位置上。他还高兴地表示：“也许用不了几年，我可以让我的软件公司上市也说不定。”

中国古语中有这样一句话“福兮祸所伏，祸兮福所倚”，这句话用在成功学当中也非常恰当。商海浮沉，波谲云诡，没有人知道自己下一步要经历些什么，可只要我们坚信，世上的路只要走了，就会留下印记与感悟。请珍惜自己的每一步，就算是歧途也会为我们将来的成功积攒下宝贵的经验。

法国街头流浪汉让·赫马意外地在网络上爆红。到底有多红？这个流浪汉竟然在并不算景气的图书市场掀起了购书狂潮，他本人不仅成了畅销书的作家，还成为法国几大主流报纸的专栏写手。

事实上，在爆红之前，让·赫马 40 岁前的人生可以用“悲惨”两个字来形容。他在童年时期被母亲遗弃，父亲酗酒家暴，对让·赫马别说照顾，就连最起码的温饱都给不了。吃不饱饭，上学就更别想了，可怜的让·赫马并没有接受多少教育，小小年纪就混迹在街头，有时候去餐馆做服务员。年龄稍大一些，餐馆不再聘用他，他又靠去码头搬运货物为生。然而，居无定所、食不果腹的日子使得他的身体日益衰败，再也干不了体力活。没办法，他只能以乞讨为生，每日露宿在公园的长椅上，须发垂肩，跟野人无异。

闲来无事的时候，让·赫马喜欢在纸上写写画画。虽然会写的字不多，可他能描绘出生活在社会底层人民的喜怒哀乐，而且惟妙惟肖。对于让·赫马写文章的行为，他的同伴觉得他简直就是穷极无聊。一个流浪汉还写什么文章？让·赫马直言：“我没有办法选择我的出身，可我想我有能力让别人以我为鉴，别走上跟我一样的道路。如果这个目的达到了，这些年我就没白做流浪汉。就这样，让·赫马用乞讨来的钱买了一本字典，认真地开始了他的写作生涯。

让人意想不到的是，当让·赫马把书拿给出版社编辑看了之后，编辑竟然非常感兴趣。经过反复的修改，这本叫作《乞讨的日子》的书竟然一下子就卖出去五万多本。这给让·赫马的生活带来了翻天覆地的变化，各地的读者纷纷给他写信，有人甚至主动邀请他共进晚餐。

面对记者的访问，让·赫马说："我只想提醒所有和我一样，或者有着类似经历的人，无论你在做什么工作，也无论你的生活有多么糟糕，也许这正是给你积攒财富的开始，你所需要做的就是牢记，并且乐在其中。"

人有的时候往往就是这样，对做错的事往往懊悔不已，一再地如鲁迅笔下的祥林嫂一般，反反复复诉说自己的苦难。其实做这些根本就是于事无补，反而会引起他人的厌烦。我们应该牢记的是，就如同天下没有白吃的午餐一样，这世上同样不存在白走的路。很多看似无意义的事，也许我们当时觉得做的是无用功，甚至是可笑的，其实若干年后想来，这些反而是我们成功的基石，因为"任何错误，任何行为对于我们都是一种经历，而有经历的人，注定在成功的路上往往会顺遂很多"。

成功无法复制，努力却可以

有些人的成功速度之迅猛、成就之高，已经达到了令人瞠目结舌的地步，例如林书豪。他战绩累累，所向披靡，不得不让人感叹，我们就是坐上火箭，估计都追赶不上人家的脚步。然而世上之事难有绝对，他人的成功虽然无法复制，但是他们付出的努力，我们可以学。

1988年的盛夏，美国加州洛杉矶一个拥有美国国籍的林姓华裔小男孩林书豪出生了。男孩长到两三岁的时候，跟随学习计算机专业的父母一起搬到硅谷附近的帕罗奥尔托居住。

林书豪酷爱打篮球，高中毕业后，他非常想从事篮球这个职业，却没有一所篮球名校愿意收他，一是因为他的华人血统，一是因为觉得他不像是个能打篮球的胚子。无奈之下，林书豪只能到不招篮球特长生的哈佛读书。可他并没有放弃打篮球的梦想，经过几年的苦练，他参加了NBA选秀大会。这一次，梦想并没有照进现实，他落选了。后来他回忆说："当年

NBA 选秀，爸爸妈妈都在看电视转播，但我没被选中。我和家人买了 150 个鸡翅，用吃来发泄情绪，但我并没有放弃。

又过了一年，林书豪在夏季联赛上表现出色，被金州勇士队相中，他享受到了否极泰来的滋味。

林书豪加盟勇士队后表现平平，成为一名“板凳球员”。在运动场上，黄种人是种族歧视的对象。那段时间，每当林书豪出现失误，球场上便充斥着让他“滚回老家去”的言论。

2011 年 12 月 9 日，勇士队裁掉了他，虽然几天后火箭队宣布要他，但随后又放弃了。在那段日子里，林书豪好像坐上了过山车，心情起起落落，忐忑不安。

纽约尼克斯队是林书豪效力的第三支球队，已经陷入低谷的他对自己能在纽约待多久没有一点儿把握。出于对自己能力的质疑，他甚至没有去租公寓，而是跑到在纽约大学医学院读书的哥哥那里睡沙发。哥哥打趣他:“你不如买个睡袋去睡火车站，输球后直接上车，回家。”那个时候别说林书豪，就连家人都觉得他可能不是打球的那块料。

在对新泽西篮网队比赛的前一天，因为回纽约晚了，林书豪去队友菲尔德斯家里凑合了一夜。没想到，这一夜过去，他的球运发生了惊天逆转。林书豪后来开玩笑说要买下菲尔德斯的沙发，那个沙发也许就是他的吉祥物。

第二天的正式比赛上，尼克斯队的两大当家球员同时缺阵，主教练丹东尼只好叫来替补席上的林书豪。丹东尼当时的心情恐怕是非常无奈，只是“死马当活马医”。谁都没想到，林书豪上场后如有神助，他当场拿下 25 分 7 次助攻 5 个篮板，帮助球队获得胜利，也开启了属于他的神奇之旅。

林书豪的成功并不是一个“灰姑娘”式的童话故事，而是一个华裔子弟经过奋斗取得成功的励志故事。他的大学教练阿玛克说：“他需要点儿运气吗？当然。但当机遇来临时，他做好了准备。他整个人生都在为之努力。”

这种努力精神对当今美国人来说，却是有些稀缺的。据媒体报道，林书豪已成为美国的传奇人物。白宫发言人杰·卡尼在接受采访时称，林书豪的故事已引起总统奥巴马的注意，“他对林书豪的印象非常深刻”，“这是一个伟大的故事。我知道奥巴马已经看过林书豪的比赛了，而且他也这么说。”

把林书豪的成功真的归功于菲尔德斯家的沙发，这显然是个玩笑。看他这一路走来的艰辛，我们不得不承认，努力占据了他人生中很大的比重，如果我们在其他领域能有他的这种敢打敢拼的精神，那么就算我们没有将人生过得辉煌，至少也不会活得太差。

当你 94 岁的时候，你在干什么？是不是颐养天年，含饴弄孙，享受天伦之乐？

在澳大利亚 2016 年时尚品牌推荐会上，名模奥普菲尔让众人皆惊。这个 94 岁的老太太用她最优雅的风姿，最迷人的微笑，成为 T 型台上的新宠，也让自己在 94 岁高龄时引起了大众的关注。

奥普菲尔原本是一名室内设计师，她与丈夫经营着一家纺织公司，随后用自己公司的产品为每个家庭进行服装设计。在经济上，奥普菲尔是富足的，可她总觉得自己一直成长在丈夫的羽翼下，看着自己年岁渐长，总该为自己做点什么。

因为多年的室内设计经验，奥普菲尔对时尚有着独到的见解，又因为她比别人活的年岁略长，自然见得也比别人多，经验也很丰富。于是奥普菲尔决定利用这些优势去挑战自己心心念念一辈子的职业：模特。

奥普菲尔的毛遂自荐让许多大牌瞠目结舌，最终，澳大利亚本土品牌想要剑走偏锋，雇了奥普菲尔。万万没想到，奥普菲尔第一次走秀，立即红透半边天，奥普菲尔和那个本土品牌获得了双赢的局面。这家公司因为启用了奥普菲尔也跟着名利双收。

一炮而红的奥普菲尔现在邀约无数，她翻着自己的记事本，面对各大公司的联络人，云淡风轻地表示："下次想要请我请您尽早，近一两年我已经没有档期。"

荣格曾经说过："人肯定需要普遍性的理念和信条，以赋予自己的人生以意义，并借以找到自己在世界中的位置。"

如果我们心中想要取得成功，那么不分时间的早晚，只要你想，就去做，一切都还来得及。成功与失败其实只有一个分水岭，那就是看你是否足够努力。

努力多一点儿，就离成功近一点儿

成功者与失败者最大的差别在于，成功者始终用最积极的内在驱动力支配和控制自己的人生。成功之神也只为具有两种特质的人敞开大门：一种是有坚定意志的人，另一种是不畏惧任何障碍的人。不要轻易去羡慕那些成功者，在我们看不见的地方，成功者一直在努力。

非洲的马拉维是一个非常贫穷的地方，许多人甚至连赖以栖身的房子都没有。人们在沙滩上搭建简易的茅草屋，有的家庭甚至直接睡在沙子上。当地人无奈地调侃自己，说自己生活在世界上最穷的国度。

39 岁的刘文是一名退伍兵，在军校深造过的他放弃了做公务员的机会，想要在社会上寻找商机，锻炼一下自己。年纪已经不小的他觉得要是再不努力，自己离成功将会越来越远。

在 2013 年的时候，刘文被朋友邀请去马拉维旅游。当时，因为刘文在电商部门做过短工，所以机缘巧合地得到了

20部智能低端手机。刘文想，反正也是出去玩，不如带着这些手机去碰碰运气，看看能不能卖掉。

同去的朋友见他鼓鼓囊囊的行李里装的竟然全部都是这种廉价的东西，纷纷对他侧目。有个朋友甚至说："老刘啊，你是不是当兵当得跟社会脱节了？那边穷得都快吃不上饭了，你让他们用手机，这岂不是天方夜谭？"

刘文用一贯的淡定语气回答说："努力试试吧，什么事不努力，永远都不会预先知道结果。"

刘文刚到马拉维的时候，他的手机根本无人问津。在马拉维，手机上网并不普及，1G流量费用竟然高达50元人民币，所以很少有人用手机上网，连带的手机销售也面临阻滞。

不退缩的刘文回国后，想把国内的"老人机"带到马拉维的郊区试试。大家对他的行为表示无语，就连电商卖家都表示："老刘啊，别人做生意是越做越大，越做越高端，你可倒好，拎着破手机，到国外的城乡结合部去销售，你到底是怎么想的？。"

再次回到马拉维，花了三天时间，刘文终于卖出了第一部手机。买了他手机的小伙子一周过后找到刘文问他："难道你会什么巫术？你这手机已经用了一周了，它居然还有电！"刘文竖起拇指说："这就是中国手机的质量！"刘文的手机从此打开了销路，很多人都央求他下次来的时候再多带些手机。

信心满满的刘文借了一大笔款项，进了一批国内售价七八百元的中档货。可没想到，这批货外观漂亮却并不实用，刘文再次受挫。因为这次事件，马拉维当地人已经不再信任他，甚至叫他"中国来的大骗子"。

刘文通过反复验证，寻找马拉维人的喜好，最后他生出个想法，他要专门为马拉维的民众定制属于他们的手机。整整三年的时光，刘文遇到的挫折与磨难数不胜数，可每一次苦难来袭，都没有将他击倒。他坚信，只要多努力一分，肯定会离成功更近一点儿。

2016 年 1 月，刘文成功了，他已经在非洲建厂，拥有员工上百名。这个退伍兵硬是靠着努力，一步步把自己推向了成功。

有一部电影叫作《不可能完成的任务》，电影中主人公凭借自己的聪明勇敢，百折不挠，完成了任务。该影片的寓意其实很简单，人生没有完成不了的任务，成功也并不是遥不可及，只是要看我们是不是一直在努力。

每年的暑期档，电视上很多频道都会响起一首熟悉的歌曲："你挑着担，我牵着马，迎来日出送走冬夏。"没错，这就是经典电视剧《西游记》的主题曲。

提起这部历时 17 年拍成的电视剧，不能不让人想到孙悟空的扮演者六小龄童章金莱。

章金莱出生在一个猴王世家，"章氏猴戏"在中国已经延续了上百年的历史。当初西游记打算开拍时，总导演杨洁就把孙悟空的扮演者锁定在了章金莱身上。结果，章金莱到剧组试戏后，大家都惊呆了，这哪里是在演美猴王，他活脱脱就是那个齐天大圣。

可让人万万没想到的是，电视剧开拍了，问题也出现了，章金莱竟然是个高度近视！杨洁很是苦恼，估计没人想看到一个戴着近视镜的孙悟空。可是不戴眼镜，章金莱竟然会撞到树上。顿时，整个剧组的人都沮丧了。

后来，章金莱托朋友从香港捎来了隐形眼镜。原本以为问题迎刃而解，可不知道是什么问题，章金莱的眼睛只要戴上隐形眼镜就会红肿流泪。总导演杨洁没有办法，只好忍痛割爱，继续找寻美猴王的扮演者。

家境殷实、从未受过挫折的章金莱有着不服输的个性，在他的心里，就没有想做却做不到的事。从那天开始，他尝试着摘下眼镜生活。可仅仅能够适应生活是完全不够的，剧中的美猴王有很多特写都需要双目炯炯有神，于是章金莱买了鱼和鸽子，每天努力地仰着脖子，盯着天上飞翔的白鸽，或者低下头，用眼神去追踪水里灵活摆动的鱼。就连杨洁看了都有些于心不忍，她劝说章金莱："这次演不成还有以后，你就别费那个劲了，这不怪你，是正常的生理问题。"然而章金莱并没有放弃。

想把眼睛练得灵动绝非一朝一夕，章金莱愣是用了 17 年的时间，日复一日、月复一月地苦练眼神，最终，电视剧制作完成，播放的时候，没有一个人能看出美猴王是个高度近视。多年以后，当杨洁导演披露这个秘密时，确实惊呆了众人。大家都对章金莱交口称赞，章金莱却淡淡地表示："其实当时我也非常苦恼，也想过别练了算了，可是我又一想，我只要每天抽出时间，多努力，那么假以时日，我就一定会有成功的那一天。"

成功有的时候其实真的没那么难，无非是多用些心思。而当他人想放弃的时候，我们再多坚持一会儿，哪怕仅仅再坚持一小会儿……总之，努力多一点儿，我们就会离成功近一点儿。

当别人都放弃时，再坚持一秒

英国著名政治家丘吉尔说："成功根本没有秘诀，如果有的话，就只有两个，第一个是坚持到底，永不放弃；第二个就是当你想放弃的时候，请回过头来再照着第一个秘诀去做。"

每个人都可能有对前途迷茫、看不到坚持下去的意义的时候。这时候，不要急于放弃，可能成功就在转角处等着你。

德云社 20 周年庆典，明星云集，郭德纲笑容满面。回想当年，若不是郭德纲当初在别人都放弃时坚持了下来，也许就不会有今天的德云社，也不会有撑起相声界半壁江山的郭德纲。

郭德纲 21 岁那年从外地来北京拜师学艺，却四处碰壁。不久，他和几个朋友成立了一个小俱乐部，靠在街头卖艺混口饭吃。

每当夜幕降临的时候，别人都早早回到了温暖的家，而他仍旧站在空荡荡的舞台上反复练习新学的段子，直到练得嗓子有些嘶哑，舌头不住地打颤才停下来。朋友们看不下去了，纷纷劝他，不就是为了混口饭吃，至于这么拼命吗？差不多就得了。可郭德纲却一直坚持了下去。功夫不负有心人，一年以后，郭德纲终于能将600多个传统段子收放自如地表演出来，在业内也算是小有名气。

可命运似乎总爱和努力的人开玩笑，失败一次次降临到郭德纲身上，成功似乎成了遥不可及的目标。郭德纲最终穷得连吃饱饭都成了一个大问题。

那时候，郭德纲住的地方离表演的场地非常远，自行车便成了每日的代步工具。一次，自行车意外坏在了半路上。口袋里没有一分钱的郭德纲举手招了一辆出租车，问出租车师傅："我可不可以把手表押给你，你送我回去？"出租车师傅摇了摇头，把车开走了。郭德纲只能推着自行车走回出租屋，这一走竟然走到了天亮。回到出租屋后，头晕目眩的他一头栽倒在床上，发起了高烧。怕自己死在出租屋里，他勉强支撑起身体，翻箱倒柜找出一个破传呼机，拿到街上卖了十多元钱，用这钱买了两个馒头和几包感冒药，就这样硬是挺了过去。

下午，当面色蜡黄的郭德纲赶到演出地点的时候，把于谦吓了一跳，连忙问他出了什么事。他笑着说了昨晚的遭遇。看着他憔悴的面庞，于谦的眼泪在眼眶里直打转。

郭德纲的妻子到北京来看他，看到他的窘境之后潸然泪下，央求他跟自己回天津。可郭德纲摇着头拒绝了。"我再坚持坚持，万一我成功了呢。"他总是这样说。

一无所有的郭德纲硬是靠着一股倔劲儿在竞争激烈的北京站稳了脚跟。几年之后，在一次比赛里，他的自信从容、诙谐幽默引起了著名相声演员侯耀文的注意。侯耀文通过别人婉转地向郭德纲表达了自己想收他为徒。听到这个消息的时候，郭德纲让搭档于谦打自己两下。于谦扇了他两耳光，他的眼泪一下子就落了下来。两个大男人紧紧抱在一起，像孩子一样放声大哭。

如今郭德纲已经红透了大江南北。有记者把他当年的这些故事挖掘出来，问他为什么能一直坚持。他微笑着回答："我这人从小就不服输，当别人都撤了，不说相声的时候，我偏要比别人多坚持一会儿，真没想到，就坚持的这一会儿让我有了今天。"

很多时候，成功都是在最后一刻才蹒跚到来。只要肯坚持，一定会看到曙光。如果说郭德纲的成功凭借的是坚持和才气，那么杨长林的成功则简直是顶着霹雳行走。他的坚持之路可谓是血泪交织，不过好在他成功了。

杨长林 1950 年出生于重庆市。由于家境贫困，杨长林 1 岁多的时候就由他 10 岁的二哥用箩筐挑着送到江北县龙兴场农村寄养。少小离家，无依无靠，孤独辛酸的童年，他至今想起来还会泪眼婆娑。

长大后不甘于贫穷的青年杨长林开始做起了小生意。木材、榨菜、柑橘生意都做，勉强可以养家糊口。

当时，社会上的人们在穿着上从过去千篇一律的蓝、灰色中解放出来，开始追求衣着的亮丽。杨长林抓住这个机遇，做百货、服装生意，几年时间就赚了几百万元。

20 世纪 90 年代中期，杨长林便开始到国内外知名旅游胜地游览。在世界有名的温泉度假胜地日本北海道，杨长林对那里的优雅环境和高水平的服务感慨不已。杨长林欣赏着周围的花草假山，感叹地说："要是把这个温泉搬回重庆该多好啊！"

说干就干是杨长林一贯的风格，半年后，他在铜梁收购了一处温泉———古西温泉。没想到投了上千万资金进去以后，才发现附近有一家污染严重的造纸厂。事业上的第一次受挫并没有动摇杨长林开发温泉旅游的信心，很快，他又雇了一家地质勘探公司，在重庆一处地方挖起了温泉，然而井打了几千米却没出水。杨长林这次花了400多万元明白了一个“行业常识”：打温泉井是要讲点儿运气的。这个井不行，那就再开挖一个吧。杨长林又掏了400万元，再找了一处地方打井，哪知道最后仍然没“挖”出温泉。

一连遭遇三次失败，这让一些员工和朋友对杨长林的举动有了看法。此时，杨长林的家人也被他疯狂找温泉的举动弄得几近崩溃，都劝他放弃，可杨长林却坚持说：“哪怕是借钱，我也要把温泉找出来。”

1个月后，杨长林开始第四次打温泉井。温泉井打了3个多月，投资巨大，仍未发现明显的水热反应。每天七八万元的打井成本，连干活的工人都不忍心了，纷纷对杨长林说：“老板，咱们放弃吧。”杨长林心情沉重地说：“再挖一天，就一天。”结果又坚持了五天。五天后，地下还是没动静，而杨长林手中已经没有现金再来继续找温泉。他哀求工人们：“再挖10分钟，就10分钟，我不会欠你们工钱的，求求你们，再坚持一下。”大家感念杨长林的好，谁也不好意思说什么，只能继续坚持下去。

在钻机设备到达3060米“极限钻深”的最后关头，一股浓烈的硫磺气味弥漫而出。接着，一股温度高达57℃的温泉从钻井中喷涌而出。工地沸腾了，杨长林如释重负地说了一句话：“我终于赢了！”杨长林终于“赌”赢了！抢占市场先机很难一帆风顺，不过杨长林那不服输的性格最终铸就了他的成功。

每个人脚下的路都是自己选择的，遇到难走的路，大多数人很快就放弃了，有些人却因为多坚持了一秒，最终成了那个成功者。

Part 05

人生需要一些钝感力

有智慧的人随时随地都能从周围发现快乐，

没有智慧的人总是希望别人给他快乐。

内心明朗，生活自然多姿多彩。

依从本心，修得自然心，

才能从容不迫地拥抱梦想，悠然一生。

钝感力与成功率

现在评价一个人是否具备成功的条件，除了智商以外，还会提及情商。虽然常常会说到“情商”这个词，但并不是人人都知道这个词的来源。情商一词来源于日本作家渡边淳一发明的一个词汇：钝感力。

所谓钝感力，可直译为“迟钝的力量”，即从容面对生活中的挫折和伤痛，坚定地朝着自己的方向前进。它是“赢得美好生活的手段和智慧”。

童年是一个人最幸福、最快乐的时光，但不幸的是，并非所有孩子的童年都能幸福快乐。

有这样一个男孩，因为家人的疏忽，他患上了一种名叫骨结核的病。等到家人察觉的时候，他已经因为病程过长而导致膝盖永久僵硬，成了残疾人。

小男孩不仅被病魔折磨得痛不欲生，每天还要面对小伙伴们的嘲笑，他们常常嘲笑他是个跛子。

小男孩回到家中痛哭，绝望地对母亲说："妈妈，你让我死掉算了，我活着有什么意义呢？只会给你们带来麻烦。"

小男孩的话让母亲感觉万箭穿心。

母亲忍住眼泪，因为她知道孩子的病是无法痊愈的，与其陪着他掉眼泪，不如让他学会如何去面对众人诧异的眼光。

于是，母亲问小男孩："孩子，你觉得你的腿影响你欣赏美丽的蓝天吗？"

孩子摇了摇头。

母亲接着又问："孩子，你腿不方便，可他影响了你的学业吗？"

小男孩又摇了摇头，"妈妈，既然什么都不影响，甚至也没有影响别人，那他们为什么还要笑我呢？"

母亲肯定地说："因为无知。无知会带给别人伤害，所以，我的孩子，你一定要好好学习。妈妈不要求你出人头地，但是你有了知识，懂得了道理，就不会再因为别人的无知而自己痛苦流泪。"

小男孩郑重其事地点了点头。

从那以后，小男孩不再因为身体的残疾而自卑、烦恼，而是全身心地投入生活和学习中。多年以后，他以优秀的成绩考入了维也纳大学医学院，致力于耳科神经学的研究，并最终取得了举世瞩目的成就。

他就是 1914 年诺贝尔生理学和医学奖的获得者罗伯特·巴雷尼。

登上诺贝尔领奖台的那一刻，罗伯特·巴雷尼流泪了。事后，他接受记者采访时，有好心的记者特意为跛足的他准备了一把椅子。

罗伯特·巴雷尼看着椅子笑了，说："如果不是你们刻意提醒我，我真的丝毫没有察觉出自己和你们有什么不同。"

记者们愣了一下，突然间掌声如雷，为罗伯特·巴雷尼面对残缺的这份从容而鼓掌。

钝感力是敏感力的反义词，如果说钝感力越高，成功率就越高，那么敏感力超高，则失败的几率就越大。

梁凤仪，1949年1月17日生于香港，原籍广东新会，香港财经作家、企业家。作为知识女性，梁凤仪曾在中国香港和英美等地修读过文学、哲学、图书馆学及戏剧学，获香港中文大学博士学位。

让梁凤仪一炮而红的是她创作的财经小说。当初这种关于职场白领的小说一经问世，立即受到了知识人士的热捧，几乎每本小说都能一版再版。梁凤仪在她的书中以自己最真实的经历，向人们诉说着都市白领的心酸与奋斗史。尤其是在她的一部纪实类著作中，她费尽笔墨着重说了一个年轻人因为敏感而自毁前程的故事，读来发人深省。

梁凤仪当初在企业做高管时，发现有一个部门将工作给搞砸了，后果相当严重。最让梁凤仪生气的是，这个错误原本不应该发生。

部门主管是一位特别爱面子的年轻人，工作能力很强。他深夜找到梁凤仪，说："今天出这事绝对是我的责任，我愿意连夜给合作伙伴写一封信，坦诚自己的错误，并且请他们原谅。"

梁凤仪想了想，说："我觉得这件事的责任在我，道歉的事情不能仅仅是写一封信这么简单。我明天亲自去跟客户面谈，剩下的就不用你管了，你回去吧。”

就这么简短的几句话，年轻人却思绪万千。梁凤仪是刚刚到任，年轻人并不理解她的行事风格，还以为这是梁凤仪在变相地责备自己办事不利。他越想越忐忑，也越想越害怕。内心百般纠结之后，年轻人竟然连夜交了辞呈，工资都没领就离开了公司。

第二天，梁凤仪准备了礼物，亲自登门给每个客户赔礼道歉，并且一再表示是因为身为高层的自己没有管理好下属，所以赔礼道歉的事理应由自己前来。客户们都感受到了梁凤仪的诚意，再加上通过梁凤仪的运作，他们也没遭受什么损失，所以这件事就此平息了。

梁凤仪想找年轻人谈谈，再督促他几句，而且鉴于年轻人处理问题的能力，梁凤仪已经把他推荐给老总去做助理了，可没想到所有人都联系不上年轻人，他竟然连电话号码都换了，选择了人间蒸发。一直到很久以后，梁凤仪提起这个年轻人都非常感慨，如果他能不那么敏感，那么将来他的事业肯定能够大获成功。

赛珍珠曾经这样描写高度敏感的人："碰触对他们来说是拳击，声音对他们来说是噪音，不幸对他们来说是悲剧，喜乐对他们来说是至福，朋友对他们来说是情人，情人对他们来说是神，而失败对他们来说是死亡。”

过度敏感的人已经看不到自己的长处和他人的优点，外部世界一有风吹草动，他们往往就会联想到自身。这种“风声鹤唳，草木皆兵”的性格会造就怎样的命运，其成功之路是否顺畅，可想而知。

拥有“钝感力”的人则往往具备一种四两拨千斤的能力，无论什么样的委屈与艰难，都会被他们那似有若无的“化骨绵掌”所击碎。有人说，钝感力是老实人的保护伞，其实对于追求成功的人来说，钝感力是聪明人走向成功的垫脚石。

嫉妒是心灵的地狱

德国有一句谚语："好嫉妒的人会因为邻居的身体发福而越发憔悴。"所以，好嫉妒的人总是40岁的脸上就写满50岁的沧桑。这也暗合了我们祖先留下的一句成语"相由心生"。坏情绪的滋生总是能让我们的颜值受损，也让我们的心灵蒙尘。

嫉妒是心灵的地狱，是阻碍我们成功的第一大缺点。被嫉妒折磨的人总是拿别人的优点来折磨自己，久而久之，心灵就会被由嫉妒带来的厌恶与不安侵蚀。

在东南亚一带广泛流传着一个故事，这个故事反映了东方式的嫉妒。

在一个村庄里住着这样两个邻居，邻居甲善良大度，每日勤劳耕种，日出而作，日落而息，生活过得很富足。而邻居乙好吃懒做，不思进取。他看着邻居甲家的日子过得富足，心中非常嫉妒，以致对邻居甲慢慢生出了恨意。

机缘巧合，一天，邻居乙在山里无意中遇见了天上的神明，并且还帮助了神明。神明对他说："现在我可以满足你提出的任何一个愿望，但前提是你的邻居甲会得到双份的报酬。"

邻居乙听了非常高兴，然而他转念一想：不对呀，如果我得到一份田产，我的邻居甲就会得到两份田产；如果我要一箱金子，那么邻居甲就会得到两箱金子；更要命的是如果我要一个绝色美女，那么那个家伙就同时会得到两个绝色美女……

邻居乙越想越生气，他暗暗决定，宁可我得不到，我也不能让你得到双份。于是整整一天过去了，邻居乙仍旧不知道该提出什么要求才能让自己受益，他实在不甘心被邻居甲白占便宜。最后，他一咬牙，说："哎，你挖我一只眼珠吧。"

嫉妒心理有巨大的破坏力，对生活、工作、人生都会产生消极的影响。如果嫉妒心整日充斥在我们心中，那么也许我们也会犯和邻居乙相似的错误，造成杀敌一千、自损八百的悲剧局面，最终他人没得到什么实惠，我们也得不偿失。

渡边淳一曾经说过，"每个人都会有嫉妒心，但是明智之人可以将嫉妒转化为感激、感恩，让这种负面情绪最终变成激励我们向上的动力。"掌控好嫉妒心，弃恶扬善，也许我们会因此收获数不清的人脉，让成功来得更早一些。

2015年，影星刘涛在微博上求救，原来她在丹麦录制节目时丢失了价值400万元的珠宝，报警也没有得到当地警方的回应。所有人都觉得此事难办，因为鞭长莫及。可没想到，主持人汪涵竟然一通电话联系到了当地的驻华领事馆，第二天，失窃案就得到了圆满解决。自此大家才发现，汪涵悄然为自己构建了惊人的人脉圈，刘涛的难事对他来讲，也就是打个电话而已。

汪涵曾说，在褪下主持人的光环后，“我就是个普通人，也有着普通人的喜怒哀乐，也有着普通人一模一样的情绪，包括嫉妒，包括羡慕。”然而正是因为他善于把这些负面情绪转化为正能量，所以反而因此纯净了心灵，成为受大家欢迎的主持人。

汪涵当初进入湖南卫视时的起点很低，每天就是打杂。那时总会有人扯着嗓子喊：“汪涵，过来。”他会乐呵呵地急忙赶去。每次，劳累了一天的他看到录影棚里光鲜的主持人神采奕奕，妙语连珠，他自己也说，那个时候自己的心里不是不嫉妒，可有很多时候，嫉妒并不是占有与摧毁，也可能是奋进。

从那时候起，汪涵开始给自己充电。他博览群书，写字练画。他深信，一个内心有底蕴、肚子里有干货的人，一定会有成功的那一天。

2008年，汪涵携手欧弟、钱峰等人主持一档娱乐节目——天天兄弟，这档脱口秀节目迅速就在湖南卫视大热起来。很快，汪涵成了湖南卫视的“一哥”，取得了事业上的成功。

2013年初，几个热爱戏剧的大学生通过别人的引荐找到了汪涵，希望他能帮助投资自己的剧本，打造长沙本土的舞台剧。汪涵看到几个年轻人写的剧本，心里百感交集。剧本确实写得太好了，这些年轻人的才华让人羡慕，也让人嫉妒。汪涵深知，如果给他们机会，他们肯定会有出头之日，等待他们的也许只是一个扶持，一个契机。

汪涵伸出了援助之手，让这几个有梦想的年轻人热泪盈眶，几度哽咽。后来汪涵见他们资金困难，干脆注资500万，成立了“果实戏剧工作室”，让他们可以专心完成自己的梦想。谁都知道，这种投资根本就是投资大、见效慢，几年之间想收回资金根本不可能，可汪涵却有着赠人玫瑰，手有余香的情怀。

见他如此扶持新人，汪涵的朋友、同事，甚至跟他有过过节的人都暗暗竖起了大拇指，对他的人品肃然起敬。无形中，汪涵为自己赢得了他自己都不太知晓的人脉。

网络舆论一度盛传汪涵与何炅因为“一哥之争”而互相嫉妒，心怀不睦。在一次活动中，记者在两个人都在场的情况下问了一些敏感的问题。在场所有人都惊呆了，不知道这两个人会怎么应对。汪涵微笑着说：“嫉妒就是坏事吗？我看不是，比如我嫉妒何老师年轻的颜值，于是我开始拼命保养自己，让自己也容光焕发，这明明是好事嘛。至于说一哥，在湖南台，自然何老师是一哥。而我比他年纪稍长，那么他是‘一哥’，我是大哥，这么说不为过吧？”全场掌声雷动，经久不息。

法国作家拉罗会弗科就曾说过，“嫉妒者爱己胜于爱人”。既然爱自己，那么就用嫉妒心去完善自己，改造自己，最终赢了对方，战胜自己，再回过头来看，有嫉妒心又何尝不是一件幸事？

快乐不是拥有的多，而是计较的少

李嘉诚作为商业大鳄，看尽人情冷暖，尝尽酸甜苦辣。他在耋耄之年时，有记者对他进行了深度采访。当时记者问了一个刁钻的问题：“您觉得您快乐吗？对于什么都拥有的您来说，找寻快乐的方式是不是比别人容易得多？”李嘉诚回答得很真诚：“小伙子，你错了，快乐和你拥有多少并无关联，只要少一些计较，你就会发现，你得到的快乐就越多。”

邓文迪，江苏徐州人，曾是传媒大亨、新闻集团总裁鲁伯特·默多克的第三任妻子，曾任新闻集团亚洲卫星电视业务副主席，被称作“一个传奇的中国女人”。

当年传媒大亨默多克单方面提出离婚，从律师处走出来的邓文迪看起来和从前不一样了，会让熟悉她的人感觉陌生。甚至著名电视节目主持人胡紫薇还专门写了一篇文章——《女人的容貌就是她灵魂的样子》。文中描述道：“我想说说这张面目全非的脸。这张脸和眉宇间展露出来丝毫不加掩饰的怨怼、凉薄和不开心。这样的表情，显然比一本 500 页的个人传记蕴藏着更多的秘密……”当时的邓文迪确实看起来少了许多快乐，而多了些许怨怼。

在邓文迪离婚后，曾有记者来到她在北京的一座四合院，对她进行了独家采访。等了许久的记者采访才开始，记者听到了邓文迪这样的表述。她说她经历过太多寻常人两辈子都经历不到的事情，也深深体味到了事业和生活的真谛。她淡定地表示，她现在是快乐的，因为她有能力也有定力不去计较任何人和事，计较少一些，自然快乐就会多很多。

邓文迪的离婚让人扼腕，可她对待生活和成功事业的看法，以及她谋求快乐的方式是应该被人所借鉴的。有的人感叹，一场离婚战役让邓文迪褪去了以往的锋芒而变得有些呆钝，其实这才说明她领悟到了生活中的大境界。

面对今天的邓文迪，我们不得不承认，她具备大智慧，也更加有张力。拥有这种状态的女人，谁敢预测她的明天？谁又敢说她以后不会比默多克更加成功呢？

法国是一个浪漫的国度，法国女人身上有值得我们学习的地方。

法国女人无论婚前婚后，都认为自己是一个个体，而非是谁的附属。比如她们不认为每个节日，爱人必须要送自己礼物。在她们心中，爱是相互的。

张曼玉的前夫是法国导演阿萨亚斯，在那段婚姻期间，她的闺蜜去法国度假，与她相约逛街。当时张曼玉没有像在香港逛街一样随意地穿着球鞋、T 恤，而是牛仔裤配羊绒开衫，外加颜色低调的风衣和深咖色针织围巾，显得十分精致漂亮。闺蜜发现街上就连 70 多岁的妇人都会穿高跟鞋，并且走得婀娜多姿。

闺蜜说："法国男人真有福气，女人打扮得这么漂亮，他们都有眼福啦。"

张曼玉则笑着说："其实真正的法国人并不计较别人看待自己的眼光，他们每个人收拾得漂漂亮亮只是为了让自己快乐。"

闺蜜纳闷，"如果连这个都不计较，你告诉我法国女人最计较什么？"

张曼玉想了想，说："好像她们什么都不计较，她们只在乎今天是否如昨天那般快活。"

虽然张曼玉和阿萨亚斯的那段婚姻最后以离婚收场，但是法国女人的生活态度张曼玉却汲取了过来。在电视访谈节目《鲁豫有约》中，面对鲁豫的询问，清雅秀丽的张曼玉恬淡地说："过去我是经历了很多，影视圈也的确比较复杂，可当你自己不再去计较的时候，你才会发觉，其实什么事都不会让你生气，自然也就没什么可怕。"

几年前，白岩松的《幸福了吗》一书出版，引起热议和好评。之后，白岩松的《白说》一书以更加细致的角度为大家解读什么是幸福和快乐，又如何在人生的道路上少一份计较，多一些快乐。

白岩松特别喜欢茶具，爱之如命，有一次，他在商场看上了一套茶具。这套茶具通体洁白，纹理细腻，白岩松视若珍宝，花大价钱捧回了家，珍之，重之。后来，有一位经常来家里喝茶的朋友看到这套茶具欲言又止，被白岩松看在了眼里。

在白岩松的追问下，朋友支支吾吾、吞吞吐吐地说："你最喜欢的这套茶具，我在地摊上见到过，价格还不敌你这套的十分之一。"

白岩松和朋友开车去了地摊，果然看到了那套茶具。

让朋友诧异的是，白岩松没有懊悔，也没有生气，居然花钱把这套也买了下来，并且沾沾自喜地表示："真好，花这么少的钱，我竟然有了两套好茶具。"

朋友说："我以为你会骂那家商场，卖得那么贵。"

白岩松诧异道："怎么会骂它？要是没有它，我怎么可能看到这么好看的茶具。现在是信息时代，它传递给我这个信息，就值了钱了。"

朋友无语，叹息道："你可真行，就你这心态，能开开心心地活到 100 岁。"

我们经常会说这个人能给我带来快乐，或者说我从事这个行业非常快乐。实际上，所有的快乐都来自于我们的内心。

《小窗幽记》有这样一句话："将难放怀一放，则万境宽。"意思是说，将最难以放下心怀的事放下，不去计较，那么到处都是宽广的路，到处都是欢笑。

不要为打翻的牛奶哭泣

没有人能保证一生顺遂，从不遇上沟沟坎坎。面对人生中的不如意，你可以哭泣，但不能永远哭泣。哭泣改变不了的事实，与其把力气花在一直哭泣上，不如改变心情，让自己拥有乐观的心态，让这种乐观的心态来帮我们走向更美好的人生。

美国著名成功学大师戴尔·卡耐基红遍世界，然而，他的事业在刚刚起步时也并不顺利。

尽管对全美国人来说，戴尔·卡耐基这个名字如雷贯耳，尽管他的分校遍布美国各大城市，甚至乡镇，尽管看上去他的事业如日中天，可是几个月下来，财务报表上的数字还是在无声地说明一个事实：卡耐基赖以为生的事业不但一分钱没赚，还赔了许多。

这个结果不但使得卡耐基大为苦恼，就连他的家人也都非常不理解。“你整日口若悬河地介绍你的成功学，可你自己却债台高筑。你自己都没本事赚钱，还怎么去教导别人？”

卡耐基当时异常矛盾，陷入了深深的自责中。后来，他静下心来，开始重新梳理自己的事业，发现问题出现在账目管理上。如果及早发现，适时止损，或者想出行之有效的方法，他的事业不至于经营到现在赔钱的局面。卡耐基不住地抱怨自己的疏忽大意，还一度精神恍惚。

偶然的一天，卡耐基遇到了自己中学时的老师。了解了卡耐基的近况之后，老师默不作声地拿来了一杯牛奶，放在他面前。可当卡耐基刚拿起杯子要喝的时候，老师突然伸手把牛奶打翻在地上。

看着迷惑不解的卡耐基，老师大声说了一句：“不要为打翻的牛奶哭泣，因为这没有用！”

这句话如同醍醐灌顶，一下子震住了苦恼中的卡耐基。他顿时领悟了，精神也随之振作起来。就这样，他那险些夭折的成功培训班活了下来，这才有了今天依然活跃在市场上的《卡耐基成功之道》《人性的弱点》等作品。

人生中最没有意义的行为之一就是为曾经发生的错误而一直追悔莫及、寝食难安，陷在负面情绪中不能自拔。生命中有太多事情会带给我们烦忧，智者之所以能担当得起智者之名，是因为他不会任自己迷失在这烦忧里。而愚者却会任凭自己深陷在一些琐事中，最终崩溃。当很多事情无法挽回时，与其自怨自艾，不如抬头向前。当我们肯正视曾经犯下的错误，勇敢承担，这些错误所铸成的恶果兴许同样会开出向阳之花。

作为央视名嘴，周涛曾经主持过16届春晚，是央视当之无愧的“当家花旦”，也是毫无争议的“一姐”。然而这些年，周涛逐渐淡出了人们的视线。大家对她的行踪众说纷纭，有的说她肯定是当官去了，也有人说央视人才济济，她一定是坐了冷板凳。其实周涛只不过是减少了工作量，把重心转移到了家庭。不为别的，只因当初她的疏忽，使得乖巧可爱的女儿成了一个患有“早发自闭症”的儿童。

37岁那年，周涛迎来了家庭、事业双丰收。就在这一年，她生下了女儿小香香。因为工作繁忙，休完产假，周涛即刻返回了工作岗位。没想到因为很少陪伴在孩子身边，孩子对她的一切都非常陌生。好几次，她想伸手抱抱孩子，孩子竟然撕心裂肺地大哭，这让周涛心里很不是滋味。她的丈夫不止一次劝她说:“咱们家也不缺钱，你不如留在家里照顾孩子的成长，孩子少了妈妈的陪伴，终归不是那么回事儿。”就在此时，周涛的事业却有了新的转折，北京奥组委新闻中心综合处等待着她以主任的身份前去上任。重任在肩，周涛只能委屈小香香。

就在周涛因为工作出色而得到各界人士赞许之际，她的家中却出了状况，小香香的种种迹象表明这个孩子跟正常孩子比，确实有些差异。医院里，权威医生肯定地说香香患上了早发性自闭症。听完这个诊断，周涛眼前一黑，差点儿晕倒在地。之后的无数个日日夜夜，周涛好像得了强迫症。她一个人在深夜喃喃自语:“我不是一个好妈妈，要不是我，香香不会这样。”面对天天以泪洗面的周涛，家人也无计可施。一时间，家中愁云惨雾。

周涛的妈妈从老家来看她，跟她说了这么一句话:“事情已经发生，你这个样子香香就会好起来？”

周涛顿时醒悟过来，并要求自己必须振作，往前看。

周涛跟台里申请了长假，每天陪伴在孩子身边，照顾孩子的生活，一点一滴地纠正孩子的病症，陪着她一天天长大。早发性自闭症的孩子不喜欢说话，周涛就每天晚上讲故事给她听。半年后的一天晚上，当孩子听故事入睡后，周涛蹑手蹑脚地准备离开时，孩子突然睁开了眼睛，抓住她说：“你还能陪我一会儿吗？”周涛狂喜，潸然泪下，这是孩子患病后第一次肯与人交流。医生欣喜地告诉周涛，孩子恢复得很好，如果继续下去，她将会和正常的孩子一样。

从那天开始，周涛成了一个孩子王，她在哪里，香香肯定就会出现在哪里。旅游、爬山、游泳，一转眼几年过去了，10岁的香香经过细致检查，医生肯定地表示：“孩子现在无论是智商还是行为，都是一个正常的孩子，不必再进行任何系统的治疗，换句话说，她痊愈了。”医生也很敬佩周涛这些年正视孩子的病症，陪伴孩子走出阴霾的勇气。

孩子的痊愈让周涛有一种劫后余生的感觉，她感慨地说：“多亏当年母亲的提醒，否则不但孩子病好不了，自己恐怕也会患上抑郁症。”

面对人生中令人发愁的事，首先要学会放下。当你不再为打翻的牛奶哭泣，积极地面对已经发生的事情，你会发现世界变了模样，一切都重新开始了。

每个人都是被上帝咬过一口的苹果

古语云："金无足赤，人无完人"，用今天的话来说，没有人是完美的。不一味追求十全十美，用包容和积极的心对待这个世界。每个人都是被上帝咬过一口的苹果，虽然都不完美，都有缺点，但是很多时候别忘记了瑕不掩瑜。

利兹薇拉日前现身在德克萨斯州奥斯汀举行的西南偏南电影节，电影节播出了由她主演的 78 分钟的影片，该影片表达了一个女人从小到大所经历的心酸往事，利兹薇拉获得了所有观影者的起立鼓掌。

其实人活一辈子，没有几个人可以顺风顺水，不过利兹薇拉比别人活得更加艰辛，只因为她长得丑。不是普通意义上的难看，而是确确实实的丑。

现年 26 岁的利兹薇拉出生时早产了四周，体重还不到 1 千克。医生已经放弃了对她的救治，可她的父母坚决不肯放弃。最终，生命力顽强的利兹薇拉竟然活了下来。虽然利兹薇拉长相丑陋，可对于她的父母来说，她就是一位天使。

每个人都是被上帝咬过一口的苹果，上帝一定是觉得咬利兹薇拉的那一口有些小了，于是后来又补了一口。

在利兹薇拉稍微长大一些后，她又患上了罕见的马凡氏综合征和脂肪代谢综合征。长大成人后利兹薇拉的身高只有 1.57 米，而且还是天生零脂肪。对利兹薇拉来说，要拥有少女脸颊上圆润的苹果肌简直就是天方夜谭。她 17 岁的时候被大家称为“世界上最丑的女孩”。

利兹薇拉坦言自己为此哭过，也试图想要自杀。可是在某个夜深人静的夜里，她突然发觉每个人都会有自己的优点与缺点，自己除了难看之外，其他一切都不见得比别人差，也许自己这个独特的外貌会成为某种优势呢?

说干就干，利兹薇拉为自己印制了名片。每当见到陌生人，看到别人惊讶的目光时，她都会大大方方地走过去，跟对方打招呼：“嗨，我是利兹薇拉，也许我们可以互相帮助。”因为她的大方和丑陋的相貌，接了她名片的人大多会认真记住她的名字。

终于，利兹薇拉的故事得到了制片人的青睐，他花重金邀请利兹薇拉担任一部影片的女主角，本色出演自己，一个励志的好女孩。如今，利兹薇拉凭借自己的特点，成功地赚得了人生的第一桶金，与家人过上了丰衣足食的日子。利兹薇拉的名言是：“不要在意他人的眼光，一定要相信你的缺点也可以成为你的特点，如果你足够自信。”

不要特别在意自己的缺点，也不用刻意去掩盖，只要我们能够深刻了解自己的弱势，并能诚心诚意接受它，改变它，那么我们也会像利兹薇拉那样最终为自己赢得世人的尊重。

人人都是被上帝咬过一口的苹果，人人都有缺点，包括那些让我们敬仰的人。

不要刻意去模仿他人的好，也不用去诋毁他人的错，要知道这世人没有完美的人，所以不苛责他人，不逼迫自己，从容淡定地面对人和事，让自己的内心丰盈起来。

2015 年，向太陈岚的一篇微博文章将周星驰推到了风口浪尖，几乎所有与他合作过的人都开始对他进行“弹劾”，说他刻薄者有之，说他吝啬者也有之，甚至几个声名显赫的影视圈大咖也言之凿凿地表示“此生再也不与周星驰合作”。

众多看客面对这来势汹涌的“倒周”浪潮目瞪口呆，分不清戏里戏外的周星驰，到底哪一个才是他真正的样子。

周星驰的发迹其实要归功于香港电视发展的黄金时代。凭着对表演的热爱，周星驰考入了香港无线演艺培训班。进入演艺圈后，周星驰的星路走得其实并不顺遂，至今还有人拿他在《射雕英雄传》中扮演的小配角说事。喜剧的出现让周星驰找到了出路，他一口气拍了《赌圣》《唐伯虎点秋香》《大话西游》三部喜剧，一时间声名鹊起。

与此同时，非议顿起。有人说他不念旧情，以前的恩人曾经提携过他，现在他红了，找他拍片，他竟然也会狮子大开口。有人说他性格任性，一个镜头竟然拍几十上百次还不满意。他的前女友也吐槽他自私小气，大雨天看到记者出现，竟然把女友赶下车，一个人偷偷跑掉……一时间，各种声音甚嚣尘上。面对外界的纷纷扰扰，周星驰总是不回应，不出声，默默地做着自己的事。

就在许多人都表示跟周星驰合作不下去的时候，有一个人却在 20 年里一直出现在周星驰的电影里，不离不弃，他就是吴孟达。

记者问吴孟达："周星驰的人品众所周知，达叔难道是为了养家糊口才跟他合作了这么多年吗？"

吴孟达笑着解释："你们难道没有发现周星驰的作品中出现最多的主角其实是美食吗？他拍牛肉丸、皇帝炒饭、排骨奶茶、玉米浓汤，这些说明了什么？一个人越是怕什么，越是会在平日里的行事中呈现出什么。"

吴孟达对周星驰的解读是，周星驰小的时候挨过饿，所以他在乎美食。换个角度想，他小时候穷过，所以才对钱比较吝啬。他幼年缺失父爱，所以他的有些作为只是他没有安全感的表现。

吴孟达评价周星驰："他是孤独的。"也许正是缘于吴孟达对周星驰的缺点的理解，让他能够容忍周星驰的种种行为，跟在他身边这么多年，成了黄金配角。是啊，周星驰的喜剧电影不仅让所有人认识了周星驰，也记住了他身边那个喜感十足的吴孟达。

人的一生会遇到形形色色的人，遭到各种各样的事。在待人和处理事情上，我们一定要记清一句话：每个人都是被上帝咬过一口的苹果。一个人有缺点是正常的，所以对待他人应该多一些理解和宽容，少几分抱怨和吐槽，用超然与淡定的姿态向前走。

世界上最幸运与最不幸的人

西班牙作家塞万提斯在《堂·吉诃德》中写道："运道往往在不幸的地方开着一扇门，让坏事有个补救。"

我国古代道家学派创始人老子也在几千年前说过："祸兮福所倚，福兮祸所伏。"

所谓的幸与不幸，全在一念之间。所谓的最幸运与最不幸的人也不是绝对的，当不幸不可避免时，你仍有机会将它变成你走向成功的一个契机。

原子弹的威力想必许多人都清楚，可偏偏这世上有一个日本男人却与危险的原子弹结下了不解之缘，这个男人的名字叫作山口勤。

1945 年 8 月 6 日，日本广岛，这一天跟往常比没有什么不同。当时 29 岁的山口勤从长崎出发，要到广岛去出差。他赶到广岛的时间是 8 点 15 分。就在此时，一架美国 B—29 轰炸机携带着一颗代号“小男孩”的原子弹出现在广岛市的上空。紧接着，轰炸机在城市上空投下了这枚杀伤力惊人的新式武器。

对于山口勤来说，最可怕的是他当时所在的位置恰恰是原子弹爆炸死亡圈的中心地带。他被死神牢牢盯住了，在劫难逃。不幸中的万幸，被原子弹灼伤了上半身的山口勤并没有当场死去，他当时唯一的信念就是“要死，也要死在家乡的土地上”。

山口勤拖着被严重炸伤的身体，咬牙坚持要回到家乡长崎去。一路上死伤无数，哭喊声、咒骂声不绝于耳。山口勤，这一天之前还只是一个普通的公务员，此时却像一名真正的战士，顽强地朝着家的方向前行。然而他不知道的是，在前方，死神又来了。

美国给日本准备的不只一颗原子弹，第二颗原子弹蓄势待发。

原本第二颗原子弹跟山口勤并无关系，可后来事情发生了变化。当山口勤费劲周折回到家乡长崎时，已经是 8 月 9 日。就在他带着满足的微笑刚刚睡去的凌晨 3 点，美军“车厢”号轰炸机携带代号为“胖子”的核弹起飞，预计 9 点 30 分投放于小仓。然而因为天气原因，轰炸机竟然找不到小仓的准确位置，在天空盘旋了 45 分钟后，眼看飞机燃料即将燃尽，机长只得果断宣布飞往长崎。

10 点 58 分，这颗叫作“胖子”的原子弹被扔在了长崎。由于天气原因，目标误差了 3.4 千米，可对山口勤来说却是正中靶心，他的家就在原子弹爆炸的中心区。山口勤，他简直太不幸了。当时甚至有人不无调侃地说：“上帝留下了山口勤作为活生生的人证，证明这次事件的发生。”

原子弹的威力巨大，不仅因为当时能造成极大的伤亡，还在于核辐射对核爆区域未来几十年的影响，土地、河流都会因为核辐射而受到污染。虽然受伤严重，可山口勤意志坚强。当年的灾难带给他的不仅有身体的伤痛，还使得他更注重对自我健康的管理。最后，山口勤带着满身的伤痛活到了 90 多岁的高龄。

有位基督徒在心中询问上帝：“都说上帝是主宰万物的神，可为什么要让这么多的不幸发生在人类的身上？”当然，上帝没有回答他。后来，有位智者对人类的不幸给予了解读：“所有的不幸，我们看到的都是事情发展的经过和进程，我们没有预见到结果。”开头不幸，并不能注定结果就是不幸的。将不幸变成幸运，需要足够的智慧。

凡尔莱特曾是“奥林匹克”号客轮上的一名普普通通的乘务员兼护士，在“奥林匹克”号回厂返修的时候，她被调到了一艘最豪华的即将首航的大船上服务，那是 1911 年，她被调往的船只是“泰坦尼克”号。

好莱坞大片《泰坦尼克号》让全世界人认识了这艘船，并知道了它的最后结局。结局是广为人知的，鲜为人知的是可怜的凡尔莱特在沉船的当晚还依然坚守在自己的岗位上。船开始下沉时，凡尔莱特就已经决定放弃逃生。救生艇太少了，作为服务员，凡尔莱特心知肚明。船员们叫她登上 16 号救生艇，以给乘客带头示范，接着递给了她一个小婴儿。没办法，凡尔莱特只好抱着孩子，留在了救生艇上。最终，她成了幸存者，而她手里的婴儿在上岸后被一个同船的妇女抱走，再无音讯。

5 年后，也就是 1916 年，有着丰富船上工作经验的凡尔莱特又跑去航运公司求职，之后顺利地在英国皇家医疗船“不列颠尼克”号当上了护士。结果，“不列颠尼克”号触雷，因为当时船员违规放下了一只救生艇，凡尔莱特成为坐在救生艇上的一员。

由于当时救生艇太靠近船尾，而“不列颠尼克”号还在高速的冲滩过程中，眼看救生艇就要被螺旋桨吸进去，凡尔莱特为了自救，果断跳下了救生艇。不幸的是，她的头却撞到了“不列颠尼克”号坚硬的龙骨上。当时，大家都以为她没有生还的可能，然而她厚实的棕色头发却救了她一命。她浮出水面，被救生艇救起，再次逃出生天。

让人不理解的是，剩下半条命的凡尔莱特手里竟然紧紧握着她的牙刷。据她回忆说，这是“泰坦尼克”号事故之后她留下的最珍贵的东西。

关于凡尔莱特以后的人生已经没有记载，但是想来，应该没有一艘船再敢聘请这个幸运与不幸相互纠结的奇女子。与山口勤相似的是，凡尔莱特也是大难不死，必有后福，她的寿命在当时来说也算是高寿。

中国讲究八卦与五行，讲究阴阳调和，生生不息。人如此，事亦如此。就如同我们想要取得成功，肯定会遇到很多阻碍与挫折。不必怨天尤人，也无需感叹幸与不幸。当我们对幸或者不幸失去了敏感力的时候，我们的钝感就会上升，两者相辅相成，反而有助于我们的成功。

人生不必处处争第一

生活不是舞台，接纳不了那么多的喜怒哀乐，悲欢离合。事业更不是竞技场，无须事事争高下。就好比钝感力中所提到的素质之一：钝感的背后是强烈的自我认知能力，或者称之为自信力。一个时刻充满自信的人，绝对不是一个处处要求第一的人，而这反而会令他成为最先抵达成功的那个人。

有这样一对父子，父亲是美国纽约哥伦比亚大学博士，著名作家、画家，儿子是哈佛大学硕士、波士顿CitSep音乐指导及剑桥一家电台制作主持人、作家。父子两人如此成功，简直应了那句老话——虎父无犬子。

别看今天儿子事业有成，其实他在中学时是个不折不扣的差生，他的考试卷上永远是“C”。

这个故事中的父亲叫刘墉，儿子叫刘轩。

刘轩的中学考试成绩有一段时间成了朋友聚会中最为避忌

的话题。刘墉人缘又好，家中时常高朋满座，但凡有人无意中提到了自家孩子的成绩，准保有人把话题岔开，去说些别的。一开始刘墉很纳闷，但是他很快明白了朋友们的用意。于是在一次聚会中，刘墉向大家展示了一段刘轩写的小文。

刘轩是这样写的：

我的父亲叫刘墉，在某一个圈子里他颇有一些名气，而我的成绩，无疑是给他丢脸的，所以我最抗拒的，就是他跟我讨论我的成绩。每次看他笑吟吟地走向我，我的心情就开始不好了。他的开场白一直很老套，先是冲着我意味深长地笑了笑，这个笑容在我看来很阴险。

然后他会对我说："你的老师告诉我，你现在整天梦想着当舒马赫那样的赛车手，变得不爱学习了，对吗？"

"是的。"我迎着他的目光，坦然地告诉他。我感觉他的话里有一些鄙视的成分，这是对一个14岁少年尊严的莫大侮辱，我有点儿挑衅地说："舒马赫是我的偶像，他像我这么大时，成绩也很糟糕，他还考过零分，现在不照样当了世界顶级赛车手？"

我的父亲刘墉先生突然爽朗地笑了起来，那笑声让我觉得有点儿阴险的味道："他考了零分，当了赛车手。可是，你从来就没有考过零分啊，每次都是C。"说完，他的手从背后亮出来，冲着我，扬了扬手中那张成绩单。

他竟然笑话我没有考过零分？我真的觉得自己受到了侮辱。我咽了一口唾沫，从喉咙里发出低沉的声音："那么，你希望我考个零分给你看看吗？"

他往椅子背上一靠，摆出一个坐得很舒服的姿势，笑了：

“我想你是误会了我的意思，我自己都从来没有考过全A，我也不认为凡事争第一是人生中很重要的事，就如同我不会要求你做个完人，因为我也不是。我之所以这么说，是我觉得和学习比起来，你在其他方面的优秀更让我欣慰，所以不管是C还是B，你都是我的骄傲！”

刘墉把这篇小文章读给大家听，大家才理解了，刘墉是真的不介意孩子的成绩。

之后，刘墉的凡事不必争第一的论调开始在朋友中流传，大家都重新开始纠正自己对待孩子的要求。后来，刘墉那个圈子，他们的下一代，几乎是人才济济，不过，并不是大家关注的哈佛、剑桥、牛津的高材生，而是知识涉及多个领域，并各自在所属领域中成为领军人物。

很多时候，孩子，包括我们自己，都有特长与潜力，然而在一味地“力争上游、誓拿第一”的口号引领下，这种特长的潜力反而被埋没了。第一不是不好，而是不能一味只争第一。与其处处争第一，不如把有限的时间用在发挥自己的强项上，反而会取得事半功倍的效果。

刘海粟，中国当代书画界的泰斗，艺术大师徐悲鸿、林风眠、李可染皆出自他的门下，蔡元培、郭沫若、徐志摩、傅雷等文化巨擘与他的友谊也非同一般。尤其是在20世纪20年代初，他顶住封建卫道士的围攻与军阀的威胁，率先在上海美专使用人体模特进行写生，开时代风气之先，在中国现代美术史上写下了新的一页。

刘海粟在书画界可以称得上是中流砥柱，他一生最讨厌的事就是把书画界的同仁评论为第一、第二。他经常说，艺术类的作品不可以用简单的第一、第二做注脚，这是很粗暴的一种行为。我们要给他人看到的是个性，是我们在作品中所体现出来的真情实感。

1980年，刘海粟在朋友的陪伴下乘车去苏州司徒庙写生。庙院里植有“清、奇、古、怪”四株古柏，刘海粟见到四株古柏后非常感慨，因为在20年前，他曾到此写生，画了这四株古柏，并且得到各方赞誉。多年过去，这些古柏都经历了风霜雪雨的考验，如今他故地重游，古柏却仍是那样葱翠挺拔。于是刘海粟又欣然挥笔，再次取景，重新构图，打算再画一次这几株古柏。

友人委婉地规劝刘海粟：“海老，您为什么又要重画一次古柏呢？您上次的佳作已经是登顶之作，不如这次换个别的画吧。”

刘海粟正色答道：“在我的世界里，没有什么作品是巅峰之作，如果我不能和自己较量，那么又如何知道自己是否在哪里有败笔，又要如何提升自己呢？作为一个画家，我认为有意义的题材，就会不厌其烦地画上多遍。由于每次作画的心境、情绪、精神都不同，过去和现在的阅历也不同。所以才会常画常新。”

永远争第一、事事争高低，这种人活得最累。当然，有人为了唤起上进心，以“第一”来激励自己，这无可厚非，但是如果一味地去追求第一，反而会得不偿失。

你现在的付出都是值得的

人一生中做过很多事，而有些事与我们追逐成功看似是那么的不搭界，甚至还颇为南辕北辙。例如在影视剧中，我们经常会看到这样的桥段，某人厌弃地放弃眼前的工作，怒吼："这一切并非是我想要的。"等到时过境迁，若干年后，如果此人成功了，他回首前尘往事时，一定会说："我感谢我当初的那段经历，是它让我明白，所有付出都是值得的。"

"小时候，我觉得看电影是非常神秘的一件事。没想到，现在的我每年都可以拍十来部电影。"说出这句话的是华谊兄弟传媒股份有限公司的董事长兼首席执行官王中军。

王中军以自己的传奇经历告诉世人，无论你以前或者现在从事着什么职业，只要是正当的，就一定是值得的。

受当年出国热潮的影响，王中军只身来到美国。当时他可以说是身无分文。美国社会能接纳华人的工作几乎就是送外卖，或者在中餐馆里当伙计。王中军当时骑着自行车，风里来雨里去地将披萨、汉堡送到客人家中，赚取一两块钱。这样的收入实在不高，可他用来维持生计不说，还硬是从这些钱中积攒出一部分，作为自己将来的创业基金。同他一起干活的老乡都不理解，问他："你一个送外卖的，一年到头能攒几个钱？就凭你攒的这几个钱，你会成为富翁？"王中军回答："我能。"

就这样，靠着每天送外卖，王中军整整攒了5年，共10万美元。

回国后，王中军将创业思路告诉兄弟们。他的弟弟王中磊非常支持他，但是自己手里只有10万元人民币。最后这些钱成了公司的原始资金，兄弟俩开始了创业。

公司的第一个项目是直投广告。王中军突然想起了在国外送餐时了解到的顾客的一些需求，于是就印了一本画册，名叫《吃在北京》，把北京各街道的小吃都印在画册上，谁想去吃，就可以在这本书下面撕一个角，相当于免费券。

没想到生意竟然爆好，王中军就此成功挖到了人生中的第二桶金。

不可否认的是，如果没有在美国的送餐经历，王中军也许想不出这个绝佳的商机。在国外打工的经历成为他人生的宝贵财富。

明代哲学家王阳明曾经说过，一个人要有隐于野的心境，入于市的淡泊，登于朝的气度。无论我们现在是处于微时的狼狈，还是正欲成功地登顶，我们都要保证自己有良好的心态。就如同大自然有四季的变换，人生自然也会有起伏不定，时刻牢记我们行进的每一步都是上苍独特的安排，只要找对前行的路，我们所有的付出肯定是值得的。

从前有一个女孩，她独立，喜爱运动，写得一手好作文。她继承了妈妈冷静的性格，也拥有爸爸的感性气质。

1985 年，女孩考入香港浸会学院传理系，主修媒体学。入学半个月后的一天，一个架着黑边眼镜的男生闯入教室。女孩觉得他这么晚才到，肯定是个“候补生”。于是她对他有了几分轻视。

一天晚上，女孩听到电台在播一首新歌《金背斑鸠》，词曲作者叫王子。此后，她常常哼唱这首歌。

几个星期后的一天，女孩去逛街，路上遭遇暴雨。男生在路上碰上了她，于是顺便载她回家。在交谈中女孩得知《金背斑鸠》的词曲作者竟然就是这个男孩，心中不禁肃然起敬。此后，他们陷入了热恋。

在他们恋爱的一年多里，男孩先后发表了几首歌曲，被誉为“校园情歌王子”。一时间，男孩声名鹊起。

当时沉浸在幸福中的女孩一直梦想着她的爱情树能迎来开花结果的一天。可不知从什么时候起，男孩对女孩的态度开始变得暧昧不明，对她忽冷忽热。

面对这一切，女孩无法忍受，质问男孩：“这到底是为什么？”

男孩冷冷地说：“咱们分手吧。”

失恋让女孩的身心都受到了伤害，她大病了一场。不久，她终于知道了男孩离开她的原因。原来男孩已经与一个大他 5 岁的知名女画家在一起了，因为那个女画家能让他获得更多成功的机会。

这次恋爱的惨痛经历，致使女孩日后创作的文学作品大多写的是爱情。

当有人关怀地问她："心里是不是偶尔还会很痛？"

女孩潇洒地表示："一切都已经过去。"

然而，直至今日，女孩仍旧孑然一身，可她却说她不后悔，如果不是当初的付出，她不会拥有今天的一切。

女孩现为流行杂志《AMY》的总编辑，兼任全球华人女性网站主持人。她于 1993 年开始在《明报》撰写"娴言娴语"专栏，从此一举成名。1997 年 5 月，她的《荷包里的单人床》一书不仅名列香港畅销书排行榜首，还曾在新加坡和马来西亚持久畅销。此后，她的《再见野鼬鼠》《不如，你送我一场春雨》《三月里的幸福饼》等作品的销量在国际出版市场一路飙升，她就是张小娴。

张小娴的初恋让她见识到了爱情世界的悲凉，这的确是一件糟糕的事。但也正是因为这份痛苦的经历，才让她拥有了深刻的感悟和写作的动力。

人生是奇妙的，我们没有选择出生的权利，而上帝给了我们一场美丽的际遇，让我们认识了这个大千世界。我们应该对这个世界充满感激，无论生活给予了我们如何尴尬的剧情。拥抱生活给我们的一切吧，请相信我们所有的付出都是值得的，日后我们的人生会因为这些付出而变得丰盈、绚烂。

拥有从失去开始

当我们拥有阳光普照，必将失去细雨淅沥的幽静；当我们拥有薄雾笼罩，必将失去明辨来人的视野；当我们拥有人生经验，必将失去昨日的天真与无邪。岁月一直在提醒我们，我们拥有的和失去的永远都是对等的，所以不要在成功的路上因失去而沮丧。从失去的那一刻起，我们同样在收获拥有。

章子怡之所以能走向国际影坛，和一部电影里的角色有着莫大的关系，那就是《卧虎藏龙》里“玉娇龙”一角。该片大牌影星云集，周润发、杨紫琼这两个名字简直就是这部电影票房的保证。尤其是该片的导演，是曾获得奥斯卡金像奖最佳导演奖的李安。这样一部拥有“双保险”的电影捧红了章子怡，却让另一个女星失去了爆红的良机，她就是舒淇。

当时，武侠片日渐低迷，票房不佳，好多大牌导演都不敢再去拍武侠片。擅长情感伦理片的李安选择拍摄古典武侠风格的《卧虎藏龙》，让很多人大跌眼镜，甚至都没有制片人敢投资这部片子，觉得太过冒险。

由于这部电影不是纯商业的硬动作片，而且当时舒淇已经因为出演过几部电影，成了当时的宅男女神，所以舒淇的经纪人文隽急于让舒淇赚快钱，便为她推掉了《卧虎藏龙》这部电影，转而去接拍一个日本乌龙茶的广告。演艺界都知道拍广告又舒服又赚钱，舒淇听从了文隽的安排，没想到这个决定却成为她的毕生憾事。

当章子怡趁着“玉娇龙”之风成为继巩俐之后在好莱坞的又一个“中国面孔”代言人时，舒淇在日本市场却未获得任何甜头。舒淇错失前往好莱坞发展的机会，再加上她渐渐有了自己的想法，不想再演“花瓶”一类的角色，想要有所突破，所以很快她就炒掉了经纪人文隽。

从此以后，舒淇开始向演技派转变，演艺之路越走越稳，终于凭借《最好的时光》勇夺金马奖影后。颁奖典礼过后，舒淇接受记者采访。

当有记者问她：“失去了玉娇龙一角是不是让你觉得非常遗憾？”

舒淇坦然地回答：“遗憾是肯定会有的，可同时我又拥有了一种激励，激励我把以后的角色演好，最好超越玉娇龙，成就自己的事业，最终我才取得了今天的成功。”

要做到坦然面对失去，就得及时调整心态。首先要面对现实，承认已经失去这个现实，不能总沉溺于已经不存在的东西之中。得到和失去其实是相对的。人们安慰丢失东西的人时总是说：“旧的不去，新的不来”。事实正是如此，与其为了失去的东西懊恼，不如全力争取得到新的。

徐本禹，一个普普通通的农村孩子，出生于山东聊城一个贫穷的农民家庭。徐本禹家境贫寒，村里最矮的土坯房就是徐本禹家的。徐本禹的父亲是一位乡村民办教师，每月工资仅270元，却是全家五口人最重要的生活来源，一家人的日子过得捉襟见肘。

在徐本禹的童年记忆里，他经常听母亲提起这样一件事。有一次家中没有钱买粮食，是邻居家借了2元钱，才使一家人渡过了难关。母亲的话让徐本禹明白了一个道理：当别人需要帮助的时候，伸出你的手。徐本禹说是母亲的善良给了他最早的助人精神教育。

长大后的徐本禹考入华中农业大学，来到华中城市武汉开始了求学生涯。因为家庭贫困，虽然已是秋冬时节，徐本禹却还只穿着单薄的军训服。同学的母亲看不过去，送给他两件衣服，并对他说："天气冷了，别冻着，在生活方面有什么困难和叔叔阿姨讲。"徐本禹感动得泣不成声。

大一上学期，徐本禹拿到了他在大学的第一笔勤工俭学工资。这笔钱一共是50元，徐本禹却拿出43元捐给了山东费县一名面临辍学的小学生孙珊珊。第二学期，学校发给徐本禹300元特困生春季补助，徐本禹只给自己留了100元，其余的全部捐给了"保护母亲河"的活动。

同学们都被徐本禹的行为惊呆了。"不是想说你傻，可是你一个连菜都舍不得买，顿顿吃馒头的贫困生，怎么能把大部分钱都捐了呢？"

徐本禹则笑着说："在你们眼中，我可能确实做了傻事，可我觉得，虽然我失去了一点点钱，可我拥有了那么多暖心的瞬间，能帮助别人，我觉得这钱付出得太值太值了。

那是一个星期六，徐本禹像往常一样去汉口做家教。课间休息时，徐本禹随手拿起桌上的一份《中国少年报》浏览。看了一会儿，报纸上一篇题为《当阳光洒进山洞》的文章深深触动了他。

“在贵州大方县猫场镇这个名叫狗吊岩的地方。这里至今水电不通，全村只有一条泥泞的小道通往 18 千米外的镇子，这里的小学建在山上的岩洞里，五个年级 146 名学生，三个老师……”读着读着，徐本禹的眼泪止不住地往下流。

徐本禹决定要用自己的方式帮帮这些山洞里的孩子。不久，一支由五人组成的“暑期支教团”成立了，徐本禹任团长。他开始在学校里为岩洞小学募捐，号召大家和他一起利用暑假时间到贵州支教，给孩子们带去一些希望。

经过一个多月的积极募捐，徐本禹和四个同学带着三箱衣服、一口袋书及 500 元钱前往贵州。汽车在崎岖的山路上颠簸几小时后，终于把他们带到了狗吊岩。

村长为了欢迎远道而来的志愿者，特意从镇上买来了大米和其他食品。徐本禹笑言：“算是开小灶了。”徐本禹除了给孩子们上课，剩下的时间还会和同伴去村民家里进行社会调查。在调查的过程中，当地落后的经济状况深深震撼了徐本禹。

20 多天的暑期社会实践一晃就结束了，因为要准备考研，徐本禹决定回学校。“要走的时候，孩子们都很舍不得，我也是。”徐本禹说，“他们不停地问我，‘徐老师，还回来吗？’我不知道怎么回答，只觉得没办法拒绝。”徐本禹感到自己有一种无法回避的责任，他大声告诉孩子们:“明年我毕业了一定回来教你们！”

徐本禹的声音在洒满阳光的山谷中久久回响。就这样，这个贫困大学生向孩子们许下了他的诺言。

经过近一年的准备，徐本禹终以 372 分的高分考取了本校农业经济管理专业的硕士研究生。还没等同学们来向他祝贺，徐本禹却做出了一个让所有人大吃一惊的决定：放弃攻读研究生的机会，去岩洞小学支教。有人说徐本禹应该改名叫“汝本愚”，因为这样做太愚蠢。国家培养一个本科生的成本是 4.5 万元，这还不包括学生家庭的投资。回报社会的方式有很多，他却选择了性价比最低的一个方式。

即使时隔数载，徐本禹在说起当时自己的决定时，眼神中依然闪烁着坚定的目光。徐本禹在“感动中国”的颁奖典礼上说了这样一段话:“有人说我是个傻子，可我觉得，我虽然在年纪轻轻的时候就失去了在大城市就业成家的机会，然而我却拥有了狗吊岩 146 名学生全部的爱，失去和拥有在很多时候是相辅相成的，看似失去，实际上我却在拥有。也有人说，我现在算是成功了，因为我功成名就，再也不用担心未来的路该怎么走，可我想说，成功的定义见仁见智，我是成功了，我成功地把这些孩子送进了优秀的初中，他们的成功就是我的成功。”

徐本禹的一席话让听众感动落泪，这么个“傻小子”，用他的执着和坚持，用他的大爱和勇气，成功地诠释了什么是失去，什么又是拥有。

成功总是峰回路转：不要慌，一切来得及